9가지 요령으로 끝내는 뚝딱 요리 300가지

KI신서 3149

9가지요령으로 끝내는

뚝딱 요리 300가지

1판 1쇄 인쇄 2011년 2월 15일
1판 1쇄 발행 2011년 2월 20일

지은이 용동희
펴낸이 김영곤 **펴낸곳** (주)북이십일 21세기북스
출판컨텐츠사업부문장 정성진 **생활문화팀장** 김선미 **기획편집** 김순란
영업 · 마케팅본부장 최창규 **영업** 이경희 우세웅 박민형 **마케팅** 김보미 김현유 강서영
출판등록 2000년 5월 6일 제10-1965호
주소 (우413-756) 경기도 파주시 교하읍 문발리 파주출판단지 518-3
대표전화 031-955-2100 **팩스** 031-955-2151
이메일 book21@book21.co.kr **홈페이지** www.book21.com
트위터 @21cbook **블로그** b.book21.com

값 14,000원
ISBN 978-89-509-2905-3 13590

9가지
요령으로
끝내는
뚝딱 요리
300가지

용동희 지음

21세기북스

Prologue

밥상 차리기가 쉬워지는 비법

매일같이 차리는 아침, 점심, 저녁 밥상은 주부라면 누구나 갖고 있는 고민이다. 혹자는 "밥이랑 국, 김치, 반찬만 있으면 되지!"하고 쉽게 이야기할지도 모르지만, 막상 주방에 서면 입장이 달라지는 법이다. 밥은 어떤 밥이어야 하고, 국은 어떤 국이 좋을지, 반찬은 또 뭘 해먹어야 할지……. 나의 어머니도, 나의 친구도, 나의 딸도 매일 같은 고민을 했을 텐데, 이 고민은 결코 끝나지 않는다.

맛있는 반찬이 줄줄이 있어도 새로 지은 보슬보슬한 밥이 아니면 아쉽고, 시원한 물김치가 있어도 따끈한 국 한 그릇 없으면 서운하다. 짭조름한 멸치볶음 매일 준다고 타박해도 막상 없으면 허전하고, 밑반찬이 아무리 많아도 다글다글 바로 볶아낸 반찬이 없으면 소박하게 보인다. 새내기 주부나 결혼 10년차 주부에게나 매일 어려운 일이 밥상 차리기인 것이다.

이렇게 주부라면 누구나 '오늘은 또 뭘 해먹지?'라는 고민을 안고 있지만, 대부분의 사람들은 밥상을 차릴 때 자신이 할 줄 아는 요리만을 되풀이하게 된다. 물론 끓일 줄 아는 국이 미역국과 콩나물국이 전부라도, 그래서 이 두 가지를 돌려가며 몇 년을 끓여도 문제는 없다. 하지만 몇 가지 요령만 알고 있으면 매일 먹던 미역국과 콩나물국이 완전히 달라질 수 있다. 이 책은 그래서 시작되었다. 매일 먹던 미역국과 콩나물국이라도 그 속에 재료 하나씩만 바꿔서 만드는 요령만 알고 있으면, 좀 더 알차고 지루하지 않은 밥상을 꾸릴 수 있는 것이다.

    그래서 이 책을 처음 휘리릭 넘겨보면, 모두가 알고 있는 평범한 음식들이 대부분이다. 하지만 나는 이 책을 통해 한 가지 국에도 여러 가지 응용할 수 있는 요령이 있음을 환기시켜주고, 양념 방법을 한 가지만 알게 되면 식재료를 바꿔가며 용감하게 도전할 수 있음을 알려주고 싶었다. 수십 가지 수백 가지의 재료들을 다르게 조리해야 한다는 강박관념에서 벗어나 과감하게 요리하는 요령을 알려주는 것, 그것이 바로 이 책의 목적이다.

    미역국 끓이는 방법만 안다면, 10가지가 넘는 미역국을 만들 수 있다. 오늘은 고추장 양념으로 취나물을 무쳤다면, 내일은 같은 양념으로 유채나물을 무칠 수 있다. 우동면으로 볶아놓은 간장소스볶음우동이 인기 대박이었다면, 다음번에는 칼국수면으로 볶음칼국수를 만들 수 있다. 이렇게 요리를 하다 보면, 요리가 쉬워진다. 거창하게 색다른 음식을 고민할 필요 없이, 자신이 이미 알고 있는 레시피만으로도 새로운 요리가 탄생할 수 있는 것이다.

    이제 각 요령별로 하나씩만 기억하자. 그리고 과감하고 용감하게 응용을 해보자. 그렇게 나의 손맛을 믿고 응용을 하다 보면 언젠가는 나만의 요령이 탄생할 것이다. 스스로가 만족할 수 있는 그 날까지, 모든 어머니와 아내와 딸들에게 파이팅을 보내고 싶다.

2011년 02월

저자 옹동희

Contents

요령 2

된장과 김치만 있으면 끝나는 국 · 찌개 의 요령

 된장국 & 된장찌개 끓이는 요령 • 046

 김칫국 & 김치찌개 끓이는 요령 • 047

요령 3

간단하게 만드는 시원한 냉국의 요령

 냉국 만들 때 도움되는 시판제품 • 081

요령 4

알수록 쉬운 전골의 요령

 전골 맛내기의 포인트 • 092

 전골 만드는 기본 방법 • 093

요령 5

빠르고 간단한 볶음의 요령

 볶음 맛내기의 포인트 • 122

 맑은 볶음 만들 때 사용하는 오일 • 123

 간장볶음을 만들 때 사용되는 설탕, 물엿, 올리고당 • 137

요령 6

어느 재료라도 쉽게 만드는 조림의 요령

요령 7

먹기 직전 조물조물, 무침의 요령

 무침 맛내기의 포인트 • 178

요령 9

후루룩 국수 만들기 요령

바로바로 응용 가능한 면발의 비밀 • 232

볶음국수 만드는 요령 • 245

맛있는 양념국수를 만드는 양념장의 요령 • 251

일러두기

• 이 책의 모든 레시피는 2인분을 기준으로 만들어졌습니다. 재료를 구입하거나 요리하실 때 참고하세요.

• 이 책에서 사용하는 〈큰술〉은 15ml 계량스푼을 기준으로 하고, 〈작은술〉은 5ml 계량스푼을, 〈컵〉은 200ml 계량컵을 기준으로 합니다.

• 이 책은 요리가 쉬워지는 여러 가지 요령을 중심으로 구성되어 있습니다. 그래서 무침이나 볶음처럼 양념에 따라 요령이 달라지는 경우에는 〈맑은 양념〉〈간장양념〉〈매운 양념〉으로 요령을 나누었습니다. 그러다 보니 〈콩나물무침〉이나 〈멸치볶음〉처럼 동일한 요리명이 여러 개 있을 수 있는데, 이것은 양념별로 달리 맛을 내는 레시피를 소개한 것이므로, 목차를 보실 때 꼭 〈양념〉별로 나누어서 확인하시고 원하는 요리를 찾아보세요.

요령 1

재료 하나만 바꾸는
국 끓이기 요령

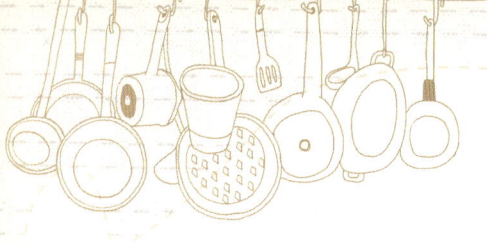

육수 내는 방법

· 필요한 양의 1.5배 물을 넣고 끓인다.
· 뚜껑을 열고 끓이다가 물이 팔팔 끓기 시작하면 뚜껑을 닫는다.
· 고기육수는 고기가 다 익을 때까지 푹 끓이고,
  멸치, 야채, 해물 육수는 오래 끓이지 않는 게 좋다.

야채육수 내기

1 배춧잎 4장, 무 100g, 대파 1대, 다시마 1~2장을 준비한 다음, 각각을 큼직하게 썬다.

2 물 6컵에 위의 재료들을 넣고 강불에서 끓인다. 물이 끓기 시작하면 뚜껑을 닫고 약불에서 끓인다.

3 채소들이 투명해지고 뭉근해지면, 불을 끄고 채반에 육수를 걸러낸다.

TIP
위의 재료 외에도 향이 강하지 않은 채소들을 사용할 수 있다.

멸치육수 내기

1 물 6컵에 다시마 1~2장, 멸치 20g(약 1컵)을 넣고 끓인다.

2 10~15분 후에 다시마와 멸치를 채반에 걸러낸다.

TIP
멸치의 내장은 제거해서 사용한다.

고기육수 내기

1 쇠고기 국거리용 300g과 물 6컵을 냄비에 넣고 강불에 끓이기 시작한다.

2 팔팔 끓기 시작하면 뚜껑을 닫고 약불에서 15분간 끓이다가 다시마 1장을 넣는다.

3 10분 후 불을 끄고. 고기와 다시마는 채반에 걸러낸다. 이때 고기는 후 고명으로 사용한다.

TIP

고기는 15분간 찬물에 담가 핏기를 제거한 다음 사용한다.

가쓰오부시육수 내기

1 모시조개 200g과 다시마 2~3장을 물 6컵에 넣고 끓이기 시작한다.

2 조개입이 열리고 육수가 뽀얗게 되면 불을 끄고 가쓰오부시 한줌을 넣는다.

3 5분 후에 채반에 걸러낸다.

TIP

가쓰오부시는 반드시 불을 끈 다음 넣어야 한다.

콩나물국

 재료

콩나물 150g(½봉지), 멸치 반줌, 홍고추·청고추 각 1개씩, 대파 ⅓대(또는 쪽파 2대), 물 4컵,
다진 마늘 1작은술, 국간장 1큰술, 소금·후추 약간씩

 만드는 방법

1 콩나물은 깨끗하게 손질한다.

2 홍고추, 청고추, 대파는 링 모양으로 썬다.

3 냄비에 물과 콩나물, 멸치를 넣고 뚜껑을 덮은 뒤 10분간 끓인다.

4 콩나물이 익어 투명해지면 멸치를 건져내고 국간장과 다진 마늘, 파, 고추를 넣은 뒤 한소끔 더 끓인다. 소금, 후추로 나머지 간을 한다.

T I P

콩나물의 비린 맛을 줄이기 위해선

처음부터 뚜껑을 열고 계속 끓이거나
콩나물이 완전히 익기 전까지 뚜껑을 열지 않는다.
취향에 따라 고춧가루를 넣으면 좋다.

✳ 무콩나물국

재료
무 100g, 콩나물 150g(⅓봉지), 멸치 반줌,
홍고추 · 청고추 각 1개씩, 대파 ⅓대(또는 쪽파 2대),
물 4컵, 다진 마늘 1작은술, 국간장 1큰술,
소금 · 후추 약간씩

●●● 만드는 방법

1 기본 재료는 동일하게 손질하고, 무는 도톰하게 채 썬다.

2 냄비에 물과 콩나물, 무, 멸치를 넣고 뚜껑을 덮은 다음 10분간 끓인다.

3 콩나물이 익어 투명해지면 멸치를 건져내고, 국간장과 다진 마늘, 파, 고추를 넣어 한소끔 끓인다.

4 소금과 후추로 나머지 간을 한다.

✳ 김치콩나물국

재료
배추김치 1컵, 콩나물 150g(⅓봉지),
멸치 반줌, 홍고추 · 청고추 각 1개씩,
대파 ⅓대(또는 쪽파 2대), 물 4컵, 다진 마늘 1작은술,
국간장 1큰술, 소금 · 후추 약간씩

●●● 만드는 방법

1 기본 재료는 동일하게 손질하고, 김치는 소를 털어 한입크기로 썬다.

2 냄비에 물과 콩나물, 김치, 멸치를 넣고 뚜껑을 덮은 다음 10분간 끓인다.

3 콩나물과 김치가 투명해지면 멸치를 건져내고 국간장과 다진 마늘, 파, 고추를 넣고 한소끔 끓인다.

4 소금과 후추로 나머지 간을 한다.

✳ 북어콩나물국

재료
북어포 한줌, 콩나물 150g(½봉지), 멸치 반줌,
홍고추 · 청고추 각 1개씩, 대파 ½대(또는 쪽파 2대),
물 4컵, 다진 마늘 1작은술, 국간장 1큰술,
소금 · 후추 약간씩

● ● ● **만드는 방법**

1 기본 재료는 동일하게 손질한다.

2 냄비에 물과 콩나물, 북어포를 넣고 뚜껑을 덮은 다음 10분간 끓인다.

3 콩나물이 익어 투명해지면 국간장과 다진 마늘, 파, 고추를 넣고 한소끔 끓인다.

4 소금과 후추로 나머지 간을 한다.

✳ 감자콩나물국

재료
감자(中) 1개, 콩나물 150g(½봉지),
멸치 반줌, 홍고추 · 청고추 각 1개씩,
대파 ½대(또는 쪽파 2대), 물 4컵,
다진 마늘 1작은술, 국간장 1큰술, 소금 · 후추 약간씩

● ● ● **만드는 방법**

1 기본 재료는 동일하게 손질하고, 감자는 0.5cm 두께로 반달썰기를 한다.

2 냄비에 물과 콩나물, 감자, 멸치를 넣고 뚜껑을 덮은 다음 10분간 끓인다.

3 콩나물이 익어 투명해지면 멸치를 건져내고 국간장과 다진 마늘, 파, 고추를 넣고 한소끔 끓인다.

4 소금과 후추로 나머지 간을 한다.

바지락콩나물국

재료

바지락 1봉지, 콩나물 150g(½봉지), 멸치 반줌,
홍고추 · 청고추 각 1개씩, 대파 ½대(또는 쪽파 2대),
물 4컵, 다진 마늘 1작은술,
국간장 1큰술, 소금 · 후추 약간씩

● ● ● **만드는 방법**

1 기본 재료는 동일하게 손질하고, 바지락은 해감
한다.

2 냄비에 물과 콩나물, 바지락을 넣고 뚜껑을 덮은
다음 10분간 끓인다.

3 콩나물이 익어 투명해지면 국간장과 다진 마늘,
파, 고추를 넣고 한소끔 끓인다.

4 소금과 후추로 나머지 간을 한다.

오징어콩나물국

재료

오징어 1마리, 콩나물 150g(½봉지),
멸치 반줌, 홍고추 · 청고추 각 1개씩,
대파 ½대(또는 쪽파 2대), 물 4컵, 다진 마늘 1작은술,
국간장 1큰술, 맛술 1큰술, 소금 · 후추 약간씩

● ● ● **만드는 방법**

1 기본 재료는 동일하게 손질한다. 오징어는 내장을 제
거한 뒤, 몸통은 링 모양으로 썰고, 다리는 5cm 길이
로 자른다.

2 냄비에 물과 콩나물, 오징어, 맛술을 넣고 뚜껑을 덮
은 다음 10분간 끓인다.

3 콩나물이 익어 투명해지면 국간장과 다진 마늘, 파,
고추를 넣고 한소끔 끓인다.

4 소금과 후추로 나머지 간을 한다.

버섯콩나물국

재료

느타리버섯 100g, 콩나물 150g(½봉지),
멸치 반줌, 홍고추 · 청고추 각 1개씩, 대파 ½대
(또는 쪽파 2대), 물 4컵, 다진 마늘 1작은술,
국간장 1큰술, 소금 · 후추 약간씩

●●● 만드는 방법

1 기본 재료는 동일하게 손질하고, 느타리버
섯은 한가닥씩 찢는다.

2 냄비에 물과 콩나물, 멸치를 넣고 뚜껑을
덮은 다음 10분간 끓인다.

3 콩나물이 익어 투명해지면 멸치를 거져낸
다. 그 다음 버섯과 국간장, 다진 마늘, 파,
고추를 넣고 한소끔 끓인다.

4 소금과 후추로 나머지 간을 한다.

새우젓콩나물국

재료

새우젓 1큰술, 고춧가루 ½큰술,
콩나물 150g(½봉지),
홍고추 · 청고추 각 1개씩, 멸치 반줌,
대파 ½대(또는 쪽파 2대), 물 4컵,
다진 마늘 1작은술, 국간장 1작은술,
소금 · 후추 약간씩

●●● 만드는 방법

1 기본 재료는 동일하게 손질한다.

2 냄비에 물과 멸치, 콩나물을 넣고 뚜껑을
덮은 다음 10분간 끓인다.

3 콩나물이 익어 투명해시면 고춧가루, 새우
젓, 국간장, 다진 마늘, 파, 고추를 넣고 한
소끔 끓인다.

4 소금과 후추로 나머지 간을 한다.

T I P

새우젓으로 맛을 낼 때는 국간장의
양을 줄인다.

미역국

재료

건미역 15g(약 한줌 정도), 물 3.5컵, 다진 마늘 2작은술, 참기름 1큰술,
국간장 1큰술, 소금 · 후추 약간씩

 만드는 방법

 **1** 미역은 물에 담가 30분간 불린 후 여러 번 씻어
적당한 크기로 자른다.

 **2** 미역의 물기를 짜준 다음, 냄비에 참기름을 두르고 미역을 볶는다.

 **3** 볶은 미역에 물 3.5컵을 넣고 강불에서 끓인다. 물이 끓으면
약불로 술인 뒤 미역이 살 퍼지도록 충분히 끓인다.

 **4** 국물이 뽀얗게 우러나면 다진 마늘, 국간장, 소금, 후추로 간을 한다.

미역국을 끓일 때는 미역을 참기름이나 들기름에 볶다가
물을 넣고 끓이는 방법과 불린 미역을 바로 물에 넣어
끓이는 방법이 있다.
미역을 볶다가 끓이면 부드럽고 고소한 맛이 나며,
물에 바로 넣어 끓이면 시원하고 개운한 맛이 난다.

✳ 쇠고기미역국

재료
쇠고기 200g,
건미역 15g(약 한줌 정도), 물 4컵,
다진 마늘 2작은술, 참기름 1큰술,
국간장 1큰술, 소금·후추 약간씩

●●● 만드는 방법

1 미역은 동일하게 손질하고, 쇠고기는 핏물을 제거한 뒤 얇게 편 썰어 한입크기로 자른다.

2 냄비에 참기름을 두르고 쇠고기를 볶다가 어느 정도 익으면 미역을 넣고 함께 볶는다.

3 물을 넣고 강불에서 끓인다. 물이 끓으면 약불로 줄여 미역이 잘 퍼질 때까지 끓인다.

4 뽀얗게 우러나면 다진 마늘, 국간장, 소금, 후추로 간을 한다.

🅣 🅘 🅟
쇠고기의 핏물을 빼려면 찬물에 30분 정도 담가 두면 된다.

✳ 닭고기미역국

재료
닭고기 가슴살(안심) 200g,
건미역 15g(약 한줌 정도), 물 4컵,
다진 마늘 2작은술, 참기름 1큰술,
국간장 1큰술, 소금·후추 약간씩

●●● 만드는 방법

1 미역은 동일하게 손질하고, 가슴살(안심)은 얇게 편 썰어 한입크기로 자른다.

2 냄비에 참기름을 두르고 닭고기를 볶다가 어느 정도 익으면 미역을 넣고 함께 볶는다.

3 물을 넣고 강불에서 끓인다. 물이 끓으면 약불로 줄여 미역이 잘 퍼질 때까지 끓인다.

4 뽀얗게 우러나면 다진 마늘, 국간장, 소금, 후추로 간을 한다.

홍합미역국

재료
홍합살 100g,
건미역 15g(약 한숨 정도), 물 4컵,
다진 마늘 2작은술, 참기름 1큰술,
국간장 1큰술, 소금 · 후추 약간씩

●●● 만드는 방법

1 미역은 동일하게 손질한다.

2 냄비에 참기름을 두르고 홍합을 볶다가 어느 정도 익으면 미역을 넣고 함께 볶는다.

3 물을 넣고 강불에서 끓인다. 물이 끓으면 약불로 줄여 미역이 잘 퍼질 때까지 끓인다.

4 뽀얗게 우러나면 다진 마늘, 국간장, 소금, 후추로 간을 한다.

대합미역국

재료
대합살 2개,
건미역 15g(약 한줌 정도), 물 4컵,
다진 마늘 2작은술, 참기름 1큰술,
국간장 1큰술, 소금 · 후추 약간씩

●●● 만드는 방법

1 미역은 동일하게 손질하고, 대합살은 한입 크기로 자른다.

2 냄비에 참기름을 두르고 대합살을 볶다가 어느 정도 익으면 미역을 넣고 함께 볶는다.

3 물을 넣고 강불에서 끓인다. 물이 끓으면 약불로 줄여 미역이 잘 퍼질 때까지 끓인다.

4 뽀얗게 우러나면 다진 마늘, 국간장, 소금, 후추로 간을 한다.

북어미역국

재료

북어포 한줌,
건미역 15g(약 한줌 정도), 물 4컵,
다진 마늘 2작은술, 참기름 1큰술,
국간장 1큰술, 소금 · 후추 약간씩

●●● 만드는 방법

1 미역은 동일하게 손질하고 북어포는 잘게
찢는다.

2 냄비에 참기름을 두르고 미역과 북어포를
함께 볶는다.

3 물을 넣고 강불에서 끓인다. 물이 끓으면
약불로 줄여 미역이 잘 퍼질 때까지 끓인
다.

4 뽀얗게 우러나면 다진 마늘, 국간장, 소금,
후추로 간을 한다.

들깨미역국

재료

들깨가루 3큰술,
건미역 15g(약 한줌 정도), 물 3.5컵,
다진 마늘 2작은술, 들기름 1큰술,
국간장 1큰술, 소금 · 후추 약간씩

●●● 만드는 방법

1 미역은 동일하게 손질한다.

2 냄비에 들기름을 두르고 미역을 넣어 볶는
다.

3 물을 넣고 강불에서 끓인다. 물이 끓기 시
작하면 약불로 줄여 푹 끓인다.

4 뽀얗게 우러나면 들깨가루, 다진 마늘, 국
간장, 소금, 후추로 간을 한다.

조랭이떡미역국

재료
조랭이떡 100g,
건미역 15g(약 한줌 정도), 물 3.5컵,
다진 마늘 2작은술, 참기름 1큰술,
국간장 1큰술, 소금 · 후추 약간씩

●●● **만드는 방법**

1 미역은 동일하게 손질한다.

2 냄비에 참기름을 두르고 미역을 볶는다.

3 물을 넣고 강불에서 끓인다. 물이 끓기 시작하면 약불로 줄여 끓이기 시작한다.

4 국물색이 살짝 변하기 시작하면 조랭이떡을 넣고 떡이 익을 때까지 끓이다가 다진 마늘, 국간장, 소금, 후추로 간을 한다.

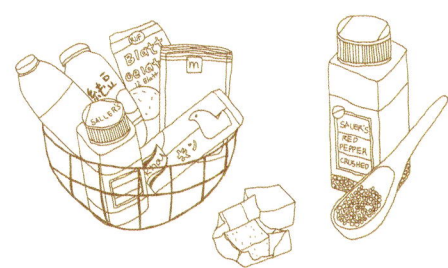

쇠고기무국

 재료

쇠고기(국거리용) 200g, 무 1토막(200g), 다시마 1장(가로×세로 5cm), 대파 1대, 물 8컵,
다진 마늘 2작은술, 국간장 1큰술, 소금·후추 약간씩

 만드는 방법

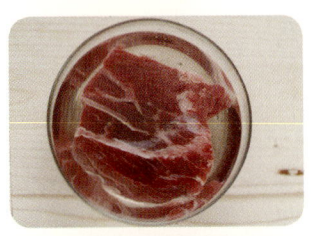
1 쇠고기는 30분간 물에 담가 핏물을 제거한다.

2 냄비에 물과 쇠고기를 넣고 강불에서 끓이다가,
물이 끓기 시작하면 약불로 줄인다.

3 무를 가로×세로 2cm 크기로 썰어 2에 넣는다.

4 물순불을 수서로 걷어내며 무가 두명해질 때까지 푹 끓인 후
다시마 1장을 넣는다.

5 대파를 어슷하게 썰어서 다진 마늘, 국가장과 함께 넣어 한소끔
끓인 뒤, 소금과 후추로 간을 한다.

6 다시마는 건져내고 고기는 건져내 잘게 찢은 후 다시 넣는다.

T I P
1. 처음부터 쇠고기를 한입 크기로 편 썰어 사용해도 된다.
2. 무가 흐물흐물해질 때까지 끓여야 국물 맛이 좋아진다.

경상도식 쇠고기무국

재료
쇠고기(국거리용) 200g, 무 1토막(200g),
다시마 1장(가로×세로 5cm), 대파 1대, 물 8컵,
다진 마늘 2작은술, 국간장 1큰술,
고춧가루 1큰술, 소금·후추 약간씩

●●● **만드는 방법**

1 쇠고기와 무, 대파는 동일하게 손질한다.

2 냄비에 물과 쇠고기를 넣고 강불에서 끓이다가,
물이 끓기 시작하면 약불로 줄인 다음, 무를 넣
는다.

3 무가 투명해질 때까지 불순물을 걷어내며 끓이
다가 다시마를 넣는다.

4 고춧가루, 대파, 다진 마늘, 국간장을 넣어 한소
끔 끓인 뒤, 소금, 후추로 간을 한다.

5 다시마는 건져내고 고기는 건져내 잘게 찢은 후
다시 넣는다.

버섯쇠고기무국

재료
느타리버섯 100g, 쇠고기(국거리용) 200g,
무 1토막(200g), 다시마 1장(가로×세로 5cm),
대파 1대, 물 8컵, 다진 마늘 2작은술,
국간장 1큰술, 소금·후추 약간씩

●●● **만드는 방법**

1 쇠고기와 무, 대파는 동일하게 손질하고 느타리버섯
은 손으로 찢는다.

2 냄비에 물과 쇠고기를 넣고 강불에서 끓이다가, 물이
끓기 시작하면 약불로 줄인 다음, 무를 넣는다.

3 무가 투명해질 때까지 불순물을 걷어내며 끓이다가
다시마를 넣는다.

4 느타리버섯, 대파, 다진 마늘, 국간장을 넣어 한소끔
끓인 뒤, 소금, 후추로 간을 한다.

5 다시마는 건져내고 고기는 건져내 잘게 찢은 후 다
시 넣는다.

✳ 만둣국

재료

쇠고기(국거리용) 200g, 만두(시판용) 10개,
대파 1대, 물 4컵, 다진 마늘 2작은술,
국간장 1큰술, 소금 · 후추 약간씩

●●● 만드는 방법

1 쇠고기는 찬물에 담가 핏물을 제거한 뒤
한입크기로 얇게 편 썰고, 대파는 어슷하
게 썬다.

2 냄비에 물과 쇠고기를 넣고 강불에 끓인
다.

3 물이 끓어오르면 만두를 넣고 만두가 위로
뜰 때까지 끓인다.

4 다진 마늘, 대파, 국간장을 넣고 소금, 후
추로 간을 한다.

✳ 쇠고기떡국

재료

쇠고기(국거리용) 200g, 떡국용 떡 100g,
대파 1대, 물 4컵, 다진 마늘 2작은술,
국간장 1큰술, 소금 · 후추 약간씩

●●● 만드는 방법

1 쇠고기는 찬물에 담가 핏물을 제거한 뒤
한입크기로 얇게 편 썰고, 대파는 어슷하
게 썬다.

2 냄비에 물과 쇠고기를 넣고 강불에 끓인
다.

3 물이 끓어오르면 떡을 넣고 떡이 위로 뜰
때까지 끓인다.

4 다진 마늘, 대파, 국간장을 넣고 소금, 후
추로 간을 한다.

곰국

재료

사골 500g, 도가니 500g, 양지머리 200g,
대파 3대, 통마늘 10쪽, 물 4L, 소금 · 후추 약간씩

●●● 만드는 방법

1 쇠뼈, 도가니, 양지머리는 2시간 정도 물에 담가 핏물을 제거한다.

2 끓는 물에 쇠뼈와 도가니를 살짝 데쳐낸다.

3 냄비에 물과 쇠뼈, 도가니, 통마늘, 통대파를 넣고 강불에서 30분간 끓인 후, 약불에서 3시간 끓인다.

4 양지머리를 넣고 30분 더 끓인 후 통마늘과 통대파는 건져낸다.

5 양지머리는 꺼내 얇게 편으로 썰고 먹기 직전 건져낸 대파를 어슷 썰어 넣은 다음 소금 · 후추로 간을 한다.

T I P

국을 다 끓인 후 완전히 식힌 다음 냉장고에 2시간 정도 넣어두면 위에 굳은 기름이 생긴다.
그때 기름을 제거하면 편리하다.

✳ 삼계탕

재료

영계 1마리, 찹쌀 1/3컵, 밤 2개, 황기 1뿌리,
대추 3개, 대파 3대, 마늘 3쪽,
생강 1톨, 물 8컵, 소금 · 후추 약간씩

● ● ● **만드는 방법**

1 찹쌀은 1시간 동안 물에 불리고 밤은 껍질을 제거한다.

2 깨끗이 손질한 닭 뱃속에 불린 찹쌀과 밤을 채워넣고, 두 다리가 풀리지 않게 꼬아 실로
묶는다.

3 물에 닭, 마늘, 생강, 황기, 대추를 넣고 강불에서 20분, 약불에서 40분간 끓인다.

4 소금과 후추로 간을 하고 송송 썬 대파를 먹기 직전에 얹어낸다.

불고기뚝배기

재료

쇠고기(불고기감) 200g, 당면 20g, 양파 ½개, 당근 1/8
개, 대파 1대, 표고버섯 2개, 물 1컵

양념 재료

간장 2큰술, 설탕 1큰술, 배즙 2큰술,
맛술 · 다진 마늘 · 다진 파 · 참기름 ½큰술씩,
후추 약간

● ● ● 만드는 방법

1 그릇에 양념 재료를 모두 넣고, 찬물에 담가 핏기를 제거한 후 한입크기로 썬 쇠고기를 버무
린다.

2 당면은 물에 담가 불리고, 대파는 어슷 썬다.

3 표고버섯와 당근은 편으로 썰고, 양파는 채 썬다.

4 뚝배기에 쇠고기를 넣고 살짝 볶다가 표고버섯, 당면, 양파, 당근, 대파, 물을 넣고
10분간 끓인다.

갈비탕

재료

쇠갈비 1kg, 대파 3대, 당면 약간,
통마늘 10쪽, 물 4L, 소금 · 후추 약간씩

●●● 만드는 방법

1 쇠갈비는 2시간 정도 물에 담가 핏물을 제
거한다.

2 끓는 물에 쇠갈비를 살짝 데쳐낸다.

3 냄비에 물과 쇠갈비, 통마늘, 통대파 2대를
넣고 강불에서 30분간 끓인 후 약불에서
2시간 끓인다.

4 통마늘과 통대파를 건져내고 대파 1대는
어슷 썬다. 당면과 어슷 썬 대파를 넣는다.
당면이 익을 때까지 끓여준 뒤 소금 · 후추
로 간을 한다.

닭곰탕

재료

닭 ½마리, 대파 3대, 마늘 5쪽, 생강 1톨,
물 8컵, 소금 · 후추 · 참기름 약간씩

●●● 만드는 방법

1 물에 깨끗이 손질한 닭과 통마늘, 통생강,
통대파 2대를 넣고 강불에서 20분, 약불에
서 30분간 끓인다.

2 닭이 푹 익으면 살을 발라내고 참기름, 소
금, 후추에 버무린다.

3 국물은 위에 뜬 기름을 제거한 뒤 소금, 후
추로 간을 하고 대파 1대를 송송 썰어 넣
는다.

4 닭살을 그릇에 담고 3을 부어낸다.

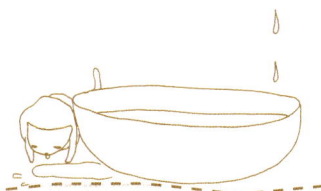

조개달래국

 재료

달래 1/3단, 모시조개 200g, 두부 ¼모, 물 3컵, 다진 마늘 2작은술, 홍고추 1개, 국간장 1큰술,
소금 · 후추 약간씩

 만드는 방법

1 모시조개는 해감을 한 뒤 물을 넣고 끓인다.

2 달래는 5cm 길이로 자르고, 두부는 한입 크기로 깍둑 썰고,
　　 고추는 어슷 썬다.

3 1에 두부와 고추를 넣고 끓인 후 국간장과 다진 마늘로 간을 한다.

4 달래를 넣고 소금과 후추로 나머지 간을 한나.

요즘은 미리 해감시킨 조개를 소금물이 든 비닐봉지에 담아 팔기도 한다.
해감하지 않고 그대로 씻어 사용할 수 있다.

✳ 쑥국

재료

쑥 50g, 바지락살 50g, 두부 ¼모, 물 3컵,
다진 마늘 1작은술, 홍고추 1개, 국간장 1큰술,
소금 · 후추 약간씩

●●● **만드는 방법**

1 두부는 한입크기로 깍둑 썰고 홍고추는 링 모양
으로 썬다.

2 끓는 물에 바지락살을 넣고 끓인다.

3 바지락살이 익으면 홍고추와 국간장, 다진 마늘
을 넣고 간을 한다.

4 쑥과 두부를 넣고 소금과 후추로 나머지 간을
한다.

✳ 냉이굴국

재료

냉이 50g, 굴 100g, 무 100g, 대파 1대, 홍고추 1개,
물 4컵, 다진 마늘 1작은술, 새우젓 ½큰술,
국간장 ½큰술, 소금 · 후추 약간씩

●●● **만드는 방법**

1 냉이는 깨끗이 손질한다. 무는 굵게 채 썰고, 고
추는 링 모양으로 썰고 대파는 어슷 썬다.

2 물에 무를 넣고 끓이다가 무가 익을 때쯤 굴을
넣는다.

3 홍고추와 새우젓, 국간장, 다진 마늘을 넣고 간
을 한다.

4 냉이와 대파를 넣고 소금과 후추로 나머지 간을
한다.

🅣 🅘 🅟

새우젓으로 간을 하면 시원한 맛이 더욱 살아난다.

시금치국

● ● ● 만드는 방법

1 시금치는 절반 길이로 자르고 대파는 링 모양으로 썬다.

2 물에 깨끗이 손질한 모시조개를 넣고 끓인다.

3 모시조개가 익으면 시금치와 대파를 넣고 끓이다가 국간장과 다진 마늘을 넣는다.

4 소금과 후추로 나머지 간을 한다.

재료

시금치 1/3단, 모시조개 200g, 대파 1대, 물 4컵,
다진 마늘 1작은술, 국간장 1큰술,
소금 · 후추 약간씩

감잣국

● ● ● 만드는 방법

1 감자는 도톰히 반달썰기하고 양파는 채 썬다.

2 물에 멸치와 다시마를 넣고 끓인다.

3 10분 후 멸치와 다시마를 건져낸 다음, 감자와 양파를 넣는다. 건져낸 다시마는 곱게 채 썬다.

4 국간장, 다진 마늘, 소금, 후추로 간을 하고 다시마는 다시 넣는다.

재료

감자(中) 1개, 양파 ½개, 멸치 반줌,
다시마(가로×세로 5cm) 1장, 물 4컵,
다진 마늘 1작은술, 국간장 1큰술,
소금 · 후추 약간씩

달걀국

●●● 만드는 방법

1 달걀은 소금을 넣어 풀어놓고 쪽파는 4cm 길이로 자른다

2 물에 멸치와 다시마를 넣고 끓인다.

3 10분 후 국물이 우러나면 멸치와 다시마를 건져낸다.

4 준비한 달걀을 풀어 넣고 국간장, 다진 마늘, 소금, 후추로 간을 하고 쪽파를 넣는다.

5 참기름으로 나머지 간을 한다.

재료

달걀 1개, 쪽파 3대, 멸치 반줌,
다시마(가로×세로 5cm) 1장, 물 3컵, 다진 마늘 1작은술,
참기름 1작은술, 국간장 ½큰술, 소금 · 후추 약간씩

버섯들깨국

●●● 만드는 방법

1 표고버섯과 새송이버섯은 편으로 썰고 느타리버섯은 하나씩 찢어놓는다.

2 참기름에 버섯을 볶는다.

3 볶은 버섯에 물과 멸치를 넣고 끓이다가 10분 후 멸치를 건져낸다.

4 들깨가루와 어슷 썬 고추를 넣는다.

5 국간장, 다진 마늘, 소금, 후추로 간을 한 다음, 어슷 썬 대파를 넣고 마무리한다.

재료

표고버섯 3장, 새송이버섯 2개, 느타리버섯 50g,
들깨 3큰술, 멸치 반줌, 홍고추 1개, 대파 1대, 물 3.5컵, 다진 마늘 1작은술,
국간장 1큰술, 참기름 1큰술, 소금 · 후추 약간씩

머위들깨국

재료

데친 머위대 100g, 쇠고기 100g, 들깨 3큰술,
멸치 반줌, 홍고추 1개, 대파 1대, 물 3.5컵,
다진 마늘 1작은술, 국간장 1큰술, 참기름 1큰술,
소금 · 후추 약간씩

●●● 만드는 방법

1 데친 머위대는 5cm 길이로 자르고 쇠고기는 얇게 편으로 썬다.

2 참기름에 쇠고기를 볶다가 머위대를 넣고 함께 볶는다.

3 볶은 쇠고기와 머위내에 물과 멸치를 넣고 끓이디기 10분 후 멸치를 건져낸다.

4 들깨가루와 채썬 고추를 넣는다.

5 국간장, 다진 마늘, 소금, 후추로 간을 한다.

6 어슷 썬 대파를 넣고 마무리한다.

TIP

들깨가루는 산패되기 쉬우므로 단단히 밀봉하여 냉동실에 보관하며 사용한다.

요령 2

된장과 김치만 있으면 끝나는

국·찌개의 요령

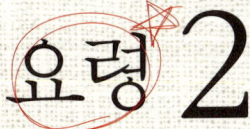

된장국 & 된장찌개를 끓이는 요령

· 주재료가 육류나 어패류일 경우는 따로 육수를 내지 않아도 되므로 생수를 그대로 사용하면 되고, 채소가 주재료인 경우는 멸치, 다시마 등을 이용하여 육수를 낸다.

· 된장국이나 찌개는 쌀뜨물(쌀을 2~3번째 씻은 물)로 끓이면 국물 맛이 더욱 부드럽다.

· 된장찌개의 맛을 낼 때 청양고추를 많이 사용하는데, 링 모양으로 썰어서 냉동실에 보관한 채 사용하면 편리하다.

· 된장의 구수함을 살리고 싶으면 다진 마늘을 넣지 않아도 좋다.

· 시판된장은 숙성기간이 짧아 대체로 단맛이 있기 때문에, 집된장과 시판된장을 섞어 사용하는 편이 더 좋다.

· 시판된장만으로 끓일 경우는 재료가 거의 익었을 때 된장을 넣어 한소끔 끓여야 쓴맛과 시큼한 맛이 나지 않고, 집된장은 처음부터 넣고 끓여야 깊고 풍부한 맛을 낼 수 있다.

김칫국 & 김치찌개를 끓이는 요령

· 김칫국을 끓일 때는 속을 어느 정도 턴 뒤 끓인다.

· 김치가 흐물거릴 정도로 오래 끓여주면 더욱 깊은 맛을 낼 수 있다.

· 신김치에 들기름이나 참기름을 넣고 김치가 투명해질 정도로 볶은 뒤, 국물을 붓고 끓이면 더 구수하고 깊은 맛을 낼 수 있다.

· 김치가 너무 익어 신 경우에는 볶을 때 설탕 1작은술 정도를 넣어주면 신맛이 줄어든다.

· 김치찌개를 끓일 때 깍두기 국물을 활용하면 시원하고 깊은 맛이 나서 더욱 좋다.

시금치된장국

 재료

모시조개 200g, 시금치 ½단, 대파 1대, 물 3컵,
된장 2큰술, 국간장 ½큰술, 다진 마늘 1작은술, 소금 약간

 만드는 방법

1 물에 모시조개를 넣고 5분간 끓인다.

2 된장을 풀어 넣는다.

3 시금치는 깨끗이 씻은 후 밑둥을 잘라내어 넣는다.

4 어슷 썬 대파, 다진 마늘, 국간장, 소금으로 간을 한다.

달래두부된장국

●●● 만드는 방법

1 달래는 깨끗이 정리한 후 5cm 길이로, 두부는 한입크기로, 홍고추와 대파는 어슷하게 썬다.

2 물에 멸치를 넣고 10분간 끓인다.

3 멸치를 건져내고 된장을 풀어 넣는다.

4 두부와 대파를 넣고 다진 마늘, 국간장, 소금으로 간을 한다.

5 달래와 홍고추를 넣고 불을 끈다.

재료

달래 ½줌, 홍고추 1개, 두부 ¼모, 멸치 반줌,
대파 1대, 물 4컵, 된장 2큰술, 국간장 ½큰술,
다진 마늘 1작은술, 소금 약간

팽이버섯된장국

●●● 만드는 방법

1 팽이버섯은 밑둥을 잘라 준비하고 대파는 어슷 썬다.

2 물에 멸치와 모시조개를 넣고 10분간 끓인다.

3 멸치를 건져내고 된장을 풀어 넣는다.

4 대파, 다진 마늘, 국간장, 소금으로 간을 한다.

5 팽이버섯을 넣고 불을 끈다.

재료

팽이버섯 ½봉지, 모시조개 200g, 멸치 반줌,
대파 1대, 물 4컵, 된장 2큰술, 국간장 ½큰술,
다진 마늘 1작은술, 소금 약간

✳ 호박된장국

●●● 만드는 방법

1 호박은 반달썰기를 하고, 두부는 한입크기로 자르고, 대파와 홍고추는 링 모양으로 썬다.

2 물에 멸치를 넣고 10분간 끓인다.

3 멸치를 건져내고 된장을 푼다.

4 호박과 두부를 넣고 끓인다.

5 대파, 홍고추를 넣고, 다진 마늘, 국간장, 소금으로 간을 한다.

재료

호박 ¼개, 두부 ¼모, 멸치 빈줌, 홍고추 1개, 대파 1대, 물 4컵, 된장 2큰술, 국간장 ½큰술, 다진 마늘 1작은술, 소금 약간

✳ 우거지된장국

●●● 만드는 방법

1 삶은 우거지는 적당한 길이로 자르고, 대파와 홍고추는 어슷 썬다

2 물에 멸치를 넣고 10분간 끓인다.

3 멸치를 건져내고 된장을 푼다.

4 우거지를 넣고 푹 끓인 다음, 대파, 홍고추, 다진 마늘, 국간장, 소금으로 간을 한다.

재료

삶은 우거지 한줌, 멸치 반줌, 홍고추 1개, 물 4컵, 국간장 ½큰술, 다진 마늘 1작은술, 소금 약간

얼갈이된장국

● ● ● 만드는 방법

1 얼갈이는 5cm 길이로 자르고, 대파와 홍고추는 어슷 썬다.

2 물에 멸치를 넣고 10분간 끓인다.

3 멸치를 건져내고 된장을 푼다.

4 얼갈이를 넣고 푹 끓인 다음, 대파, 홍고추, 다진 마늘, 국간장, 소금으로 간을 한다.

재료

얼갈이 3포기, 멸치 반줌, 대파 1대, 홍고추 1개, 물 4컵, 된장 2큰술, 국간장 ½큰술, 다진 마늘 1작은술, 소금 약간

근댓국

● ● ● 만드는 방법

1 근대는 절반 길이로 자르고 대파는 어슷 썬다.

2 물에 바지락을 넣고 10분간 끓인 후 된장을 푼다.

3 근대를 넣고 푹 끓인다.

4 대파, 다진 마늘, 국간장, 소금으로 간을 한다.

재료

근대 100g, 바지락 200g, 대파 1대, 물 4컵, 된장 2큰술, 국간장 ½큰술, 다진 마늘 1작은술, 소금 약간

아욱국

재료

아욱 100g, 건새우 30g, 멸치 반줌, 대파 1대, 홍고추 1개, 물 4컵, 된장 2큰술, 고추장 2작은술, 국간장 ½큰술, 다진 마늘 1작은술, 소금 약간

●●● 만드는 방법

1 아욱은 3~4번 씻은 후 절반 길이로 자르고, 대파와 홍고추는 링 모양으로 썬다.

2 물에 멸치를 넣고 10분간 끓인다.

3 멸치를 건져내고 된장과 고추장을 푼다.

4 아욱과 건새우를 넣고 푹 끓인다.

5 홍고추, 대파, 다진 마늘, 국간장, 소금으로 간을 한다.

TIP
아욱 손질법

굵고 억센 줄기를 한쪽을 꺾어 잡아당기면서 다듬고, 파란 물이 나올 때까지 바락바락 주물러 씻는다. 맑은 물에 서너 번 헹구어 풋내를 없앤다.

배추된장국

재료

배추 5장, 멸치 반줌, 대파 1대, 물 4컵,
된장 2큰술, 국간장 ½큰술,
다진 마늘 1작은술, 소금 약간

●●● **만드는 방법**

1 배추는 한입크기로 자르고 대파는 어슷 썬
다.

2 물에 멸치를 넣고 10분간 끓인다.

3 멸치를 건져내고 된장을 푼다.

4 배추를 넣고 투명해질 때까지 푹 끓인 다
음, 대파, 다진 마늘, 국간장, 소금으로 간
을 한다.

양배추된장국

재료

양배추 5장, 멸치 반줌, 대파 1대, 물 4컵,
된장 2큰술, 국간장 ½큰술,
다진 마늘 1작은술, 소금 약간

●●● **만드는 방법**

1 양배추는 굵게 채 썰고 대파는 어슷 썬다.

2 물에 멸치를 넣고 10분간 끓인다.

3 멸치를 건져내고 된장을 푼다.

4 양배추를 넣고 투명해질 때까지 푹 끓인
다음, 대파, 다진 마늘, 국간장, 소금으로
간을 한다.

미소시루 활용법

재료 : 미소 된장 2큰술, 물 2.5컵, 멸치 반줌, 다시마(가로×세로 5cm) 1장, 다진 쪽파 2대

건더기 재료 : 양배추, 두부, 버섯, 미역, 유부 중 취향에 따라 선택해서 50g 정도 준비

미역 미소시루

팽이버섯 미소시루

양배추 미소시루

두부 미소시루

모둠 미소시루

유부 미소시루

● ● ● **만드는 방법**

1 건더기 재료는 한입 크기로 잘라 준비한다.

2 냄비에 물 2.5컵을 붓고 다시마와 멸치를 넣고 5분간 끓인다.

3 다시마와 멸치를 건져내고 미소 된장과 건더기 재료를 동시에 넣은 뒤 강불에서 끓인다.

4 다진 파를 넣고 소금으로 나머지 간을 한다.

TIP

＊ 일본된장은 우리 된장과 달리 콩 외에 쌀, 보리, 밀가루 등이 들어가 달큼하면서 담백한 맛이 난다. 이때문에 오래 끓이면 떫은맛이 배어나오므로 재빨리 끓이거나, 재료를 넣고 국을 끓인 뒤 된장을 마지막에 풀어넣도록 한다.

＊ 일본 혼다시가 있다면, ½작은술 정도 넣어주면 더 손쉽게 맛을 낼 수 있다.

김칫국

재료

김치 ¼포기, 멸치 반줌, 대파 1대, 물 4컵, 국간장 1큰술, 다진 마늘 ½작은술, 소금 약간

 만드는 방법

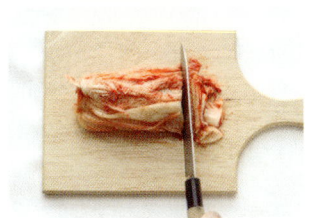

1 김치는 소를 턴 후 한입 크기로 자르고 대파는 어슷 썬다.

2 물에 멸치와 김치를 넣고 10분간 끓인다.

3 멸치를 건져낸 후 뚜껑을 닫고 10분간 더 끓인다.
김치가 완전히 투명해지면 국간장과 다진 마늘로 간을 한다.

4 대파를 넣고 소금으로 나머지 간을 한다.

 **TIP**
무를 도톰하게 채 썰어
김치 넣는 시점에 함께 넣어 끓이면
더욱 시원한 맛의 김치무국이 된다.

바지락김칫국

● ● ● 만드는 방법

1 김치는 소를 턴 후 알맞은 크기로 자르고 홍고 추와 대파는 어슷 썬다.

2 물에 바지락과 김치를 넣고 끓인다.

3 김치가 완전히 투명해지면 국간장과 다진 마늘 로 간을 한다.

4 대파와 홍고추를 넣고 소금으로 나머지 간을 한 다.

재료

바지락 100g, 김치 ¼포기, 대파 1대,
홍고추 1개, 물 4컵, 국간장 1큰술,
다진 마늘 ½작은술, 소금 약간

굴김칫국

● ● ● 만드는 방법

1 김치는 소를 턴 후 알맞은 크기로 자르고 대파는 어 슷 썬다.

2 물에 김치를 넣고 푹 끓인 후 김치가 완전히 투명해 지면 굴을 넣는다.

3 국간장과 다진 마늘로 간을 한다.

4 대파를 넣고 소금으로 나머지 간을 한다.

재료

굴 100g, 김치 ¼포기,
대파 1대, 물 4컵, 국간장 1큰술,
다진 마늘 ½작은술, 소금 약간

황태김칫국

재료

황태포 한줌, 김치 ¼포기,
대파 1대, 물 4컵, 국간장 1큰술,
다진 마늘 ½작은술, 소금 약간

● ● ● **만드는 방법**

1 김치는 소를 턴 후 알맞은 크기로 자르고 황태포는 한입크기로, 대파는 어슷하게 썬다.

2 물에 김치와 황태포를 넣고 푹 끓인다.

3 김치가 완전히 투명해지면 국간장과 다진 마늘로 간을 한다.

4 대파를 넣고 소금으로 나머지 간을 한다.

어묵김칫국

재료

어묵 100g, 김치 ¼포기, 멸치 반줌, 대파 1대,
물 4컵, 국간장 1큰술, 고춧가루 1큰술,
다진 마늘 ½작은술, 소금 약간

● ● ● 만드는 방법

1 김치는 소를 턴 후 알맞은 크기로 자르고 어묵은 한입크기로, 대파는 어슷하게 썬다.

2 물에 멸치와 김치를 넣고 끓인 후 10분 후 멸치를 건진다.

3 김치가 완전히 투명해지면 어묵과 고춧가루를 넣어 한소끔 끓인다.

4 국간장과 다진 마늘, 대파를 넣은 후 소금으로 나머지 간을 한다.

연두부김칫국

재료

연두부 ½팩, 김치 ¼포기, 멸치 반줌,
대파 1대, 물 4컵, 국간장 1큰술,
다진 마늘 ½작은술, 소금 약간

●●● 만드는 방법

1 김치는 소를 턴 후 알맞은 크기로 자르고
대파는 어슷하게 썬다.

2 물에 멸치와 김치를 넣고 끓인 후 10분 후
멸치를 건진다.

3 김치가 완전히 투명해지면 연두부를 수저
로 떠 넣은 후 국간장과 대파, 다진 마늘로
간을 한다.

4 소금으로 나머지 간을 한다.

유부김칫국

재료

유부 50g, 김치 ¼포기, 멸치 반줌,
대파 1대, 물 4컵, 국간장 1큰술,
다진 마늘 ½작은술, 소금 약간

●●● 만드는 방법

1 김치는 소를 턴 후 알맞은 크기로 자른다.
유부는 굵게 채 썰고 대파는 어슷 썬다.

2 물에 멸치와 김치를 넣고 끓이다가 10분
후 멸치를 건진다.

3 김치가 완전히 투명해지면 유부를 넣고 한
소끔 끓인다.

4 국간장과 다진 마늘로 간한 후 대파를 넣
고 소금으로 나머지 간을 한다.

된장찌개

 재료

양파 ¼개, 두부 ¼모, 애호박 ¼개, 멸치 반줌, 홍고추 1개, 대파 1대, 물 3컵, 된장 3큰술, 국간장 2작은술,
다진 마늘 1작은술, 소금 약간

 만드는 방법

1 두부와 애호박, 양파는 한입크기로 깍둑 썰고 대파와 홍고추는 링 모양으로 썬다. 물에 멸치를 넣고 10분간 끓인다.

2 멸치를 건지고 된장을 풀어준다.

3 호박, 양파, 두부를 넣고 다진 마늘, 홍고추, 대파를 넣는다.

4 국간장과 소금으로 간을 한다.

감자된장찌개

재료

감자(中) 1개, 바지락 200g, 애호박 ¼개,
양파 ¼개, 홍고추 1개, 대파 1대, 물 3컵,
된장 3큰술, 국간장 2작은술,
다진 마늘 1작은술, 소금 약간

●●● **만드는 방법**

1 감자와 애호박은 반달 썰고, 양파는 결대
로, 홍고추와 대파는 링 모양으로 썬다.

2 물에 바지락을 넣고 끓인다.

3 바지락이 입을 열면 된장을 풀어준다.

4 감자, 애호박, 양파를 넣고 끓인 후 다진
마늘과 국간장으로 간을 한다.

5 대파와 홍고추를 넣고 소금으로 나머지 간
을 한다.

우거지된장찌개

재료

삶은 우거지 100g, 멸치 반줌, 대파 1대, 홍고추 1개,
물 3컵, 된장 3큰술, 국간장 2작은술,
다진 마늘 2작은술, 소금 약간

●●● **만드는 방법**

1 삶은 우거지는 적당한 길이로 자르고, 대
파와 홍고추는 링 모양으로 썬다.

2 물에 멸치를 넣고 10분간 끓인다.

3 멸치는 건져내고 된장을 풀어준 후 삶은
우거지를 넣고 끓인다.

4 다진 마늘과 국간장으로 간을 한 후 대파
와 홍고추를 넣고 소금으로 나머지 간을
한다.

우렁된장찌개

재료
우렁 100g, 애호박 ¼개, 두부 ¼모, 멸치 반줌,
홍고추 1개, 대파 1대, 물 3컵, 된장 3큰술,
국간장 2작은술, 다진 마늘 1작은술, 소금 약간

● ● ● **만드는 방법**

1 애호박과 두부는 도톰하게 한입크기로 자르고
대파, 홍고추는 어슷 썬다.

2 물에 멸치를 넣고 10분간 끓인다.

3 멸치는 건져내고 된장을 풀어준 후 애호박과 두
부, 우렁을 넣는다.

4 다진 마늘과 국간장으로 간을 하고 대파와 홍고
추를 넣은 뒤 소금으로 나머지 간을 한다.

버섯된장찌개

재료
느타리버섯 50g, 양송이버섯 2개, 표고버섯 2개,
멸치 반줌, 양파 ¼개, 대파 1대, 물 3컵,
된장 3큰술, 국간장 2작은술, 다진 마늘 1작은술,
소금 약간

● ● ● **만드는 방법**

1 느타리버섯은 하나씩 찢고, 양송이버섯과 표고버섯
은 편으로 썬다. 양파는 채 썰고, 대파는 링 모양으로
썬다.

2 물에 멸치를 넣고 10분간 끓인다.

3 멸치를 건져내고 된장을 풀어준다.

4 버섯류와 양파를 넣고 끓인 후 다진 마늘과 국간장
으로 간을 한다.

5 대파를 넣고 소금으로 나머지 간을 한다.

차돌박이된장찌개

● ● ● **만드는 방법**

1 차돌박이는 키친타올로 핏기를 제거한다. 애호박과 양파, 두부는 도톰하니 정사각형 모양으로 썰고, 청양고추와 대파는 링 모양으로 썬다.

2 물에 된장을 풀고 애호박, 양파를 넣고 끓인다.

3 차돌박이를 넣고 끓인 후 두부와 청양고추를 넣는다.

4 다진 마늘, 대파를 넣고 소금으로 나머지 간을 한다.

재료

차돌박이 200g, 애호박 ¼개, 두부 ¼모,
청양고추 1개, 물 3컵, 된장 2큰술,
국간장 2작은술, 다진 마늘 1작은술, 소금 약간

봄나물된장찌개

● ● ● **만드는 방법**

1 두부, 양파는 한입크기로 자르고, 달래는 5cm 길이로, 풋고추는 링 모양으로 썬다.

2 물에 멸치를 넣고 10분간 끓인다.

3 멸치는 건지고 된장을 풀어준다.

4 두부와 양파, 풋고추를 넣고 다진 마늘과 국간장으로 간을 한다.

5 달래를 넣고 소금으로 나머지 간을 한다.

재료

달래 30g, 두부 ¼모, 양파 ¼개, 풋고추 1개, 멸치 반줌,
물 3컵, 된장 2큰술, 국간장 2작은술,
다진 마늘 1작은술, 소금 약간

해물된장찌개

● ● ● 만드는 방법

1 애호박은 도톰하니 반달 썰고, 대파와 홍고추는 링 모양으로 썬다.

2 물에 모시조개를 넣고 5분간 끓인다.

3 된장을 풀어주고, 애호박, 새우를 넣는다.

4 고춧가루, 다진 마늘과 국간장으로 간을 한다.

5 홍고추와 대파를 넣고 소금으로 나머지 간을 한다.

재료

새우 5마리, 모시조개 100g, 애호박 ¼개, 홍고추 1개, 대파 1대, 물 3컵, 된장 2.5큰술, 고춧가루 2작은술, 국간장 2작은술, 다진 마늘 1작은술, 소금 약간

청국장

● ● ● 만드는 방법

1 물에 멸치를 넣고 10분간 끓인다.

2 멸치는 거지고 청국장을 풀어준다.

3 두부는 한입크기로 썰어 넣고 끓인다.

4 다진 마늘과 국간장으로 간을 한 후 어슷 썬 대파를 넣고 마무리한다.

TIP

청국장에는 데친 우거지나 시래기를 넣으면 더 깊은 맛이 나고, 쇠고기와 청국장을 볶다 물을 넣고 끓여도 색다른 맛이 난다.

재료

청국장 1덩어리, 두부 ¼모, 멸치 반줌, 물 3컵, 국간장 1작은술, 다진 마늘 1작은술, 대파 1대, 소금 약간

강된장

 재료

된장 2큰술, 고추장 1큰술, 다진 호박 ¼컵, 다진 양파 ¼컵, 다진 청양고추 ½컵,
다진 홍고추 1큰술, 다진 마늘 1큰술, 물 1.5 컵

●●● **만드는 방법**

1 재료는 입자감이 살도록 다진다.

🅣 🅘 🅟

준비한 재료 이외에도 다진 버섯류 ½컵, 우렁 ½컵,
다진 쇠고기 ½컵 등 냉장고 속 재료를 활용해도 된다

2 뚝배기에 준비한 재료와 된장 2큰술, 고추장 1큰술,
물 1.5컵을 넣고 비벼준다.

3 강불에서 부르르 끓여준다.

🅣 🅘 🅟

청양고추의 양이 많아야 개운하고 매콤하게 된다.
오래 끓이는 것보다 한번 강하게 끓여서 먹는 것이 좋다!
물 대신 다시육수를 사용하면 더 좋다.

김치찌개

 재료

김치 ¼포기, 두부 ¼모, 멸치 반줌, 대파 1대, 물 3컵, 김치국물 3큰술, 들기름 1큰술,
다진 마늘 ½작은술, 국간장 ½큰술, 소금 약간

 만드는 방법

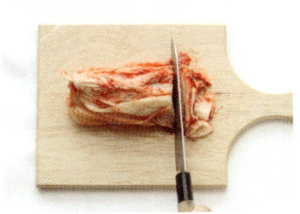

1 김치와 두부는 한입크기로 썰고 대파는 링 모양으로 썬다.

2 김치를 들기름에 볶는다.

3 김치가 투명해지면 물과 멸치를 넣는다.

4 충분히 끓인 후 멸치는 건져내고 김치국물을 넣는다.

5 두부와 대파를 넣고 한소끔 끓인 후 국간장과 다진 마늘, 소금으로 간을 한다.

돼지고기김치찌개

재료

돼지고기 200g, 김치 ¼포기, 대파 1대,
물 3컵, 김치국물 3큰술, 들기름 1큰술,
다진 마늘 ½작은술, 국간장 1작은술,
팽이버섯 약간, 소금 · 후추 · 맛술 약간씩

●●● 만드는 방법

1 김치와 돼지고기는 한입크기로 자르고, 팽이버섯은 밑둥을 잘라서 준비한다.
대파는 어슷 썬다.

2 돼지고기는 소금, 후추, 맛술로 밑간을 해놓는다.

3 들기름에 돼지고기를 넣고 볶다가 김치를 넣고 함께 볶는다.

4 김치가 투명해지면 물을 넣고 팔팔 끓인 후 김치국물을 넣어준다.

5 대파와 팽이버섯을 넣고 국간장과 다진 마늘, 소금으로 간을 한다.

쇠고기김치찌개

재료

쇠고기 200g, 김치 ¼포기, 당면 한줌, 대파 1대,
물 3컵, 김치국물 3큰술, 들기름 1큰술,
다진 마늘 ½작은술, 국간장 1작은술, 소금 약간

●●● 만드는 방법

1 김치와 쇠고기는 한입크기로 자르고, 당면
은 물에 불려 놓는다. 대파는 어슷 썬다.

2 들기름에 쇠고기를 볶다가 김치를 넣고 함
께 볶는다.

3 김치가 투명해지면 물을 넣고 팔팔 끓인
후 김치국물을 넣어준다.

4 당면과 대파를 넣고 국간장과 다진 마늘,
소금으로 간을 한다.

참치김치찌개

재료

참치 캔(小) 1개, 김치 ¼포기, 두부 ¼모, 대파 1대,
물 3컵, 김치국물 3큰술, 들기름 1큰술,
다진 마늘 ½작은술, 국간장 ½큰술, 소금 약간

●●● 만드는 방법

1 김치와 두부는 한입크기로 자르고 참치캔
은 기름을 빼 놓는다. 대파는 어슷 썬다.

2 김치를 들기름에 볶다 김치가 투명해지면
물을 넣는다.

3 팔팔 끓으면 김치국물과 참치를 넣고 한소
끔 끓인다.

4 두부와 대파를 넣고 국간장과 다진 마늘,
소금으로 간을 한다

✳ 고등어김치찌개

재료

고등어캔 ½개, 김치 ¼포기, 두부 ¼모,
청양고추 · 홍고추 각 1개씩, 대파 1대,
물 3컵, 김치국물 3큰술, 들기름 1큰술,
다진 마늘 ½작은술, 국간장 ½큰술, 소금 약간

● ● ● **만드는 방법**

1 김치와 두부는 한입크기로 자르고 청양고추와
홍고추, 대파는 어슷 썰고 고등어캔은 기름을 빼
놓는다.

2 김치를 들기름에 볶다가 김치가 투명해지면 물
을 넣는다.

3 팔팔 끓으면 김치국물과 고등어를 넣고 한소끔
끓인다.

4 두부와 대파, 청양고추, 홍고추를 넣고 국간장과
다진 마늘, 소금으로 간을 한다.

✳ 꽁치김치찌개

재료

꽁치캔 ½개, 김치 ¼포기, 두부 ¼모,
청양고추 · 홍고추 각 1개씩, 대파 1대,
물 3컵, 김치국물 3큰술, 들기름 1큰술,
다진 마늘 ½작은술,
국간장 ½큰술, 소금 약간

● ● ● **만드는 방법**

1 김치와 두부는 한입크기로 자르고 청양고추와 홍고
추, 대파는 어슷 썰고 꽁치캔은 기름을 빼 놓는다.

2 김치를 들기름에 볶다가 김치가 투명해지면 물을 넣
는다.

3 팔팔 끓으면 김치국물과 꽁치를 넣고 한소끔 끓인다.

4 두부와 대파, 청양고추, 홍고추를 넣고 국간장과 다
진 마늘, 소금으로 간을 한다.

✳ 떡김치찌개

재료

떡 한줌, 김치 ¼포기, 두부 ¼모, 멸치 반줌,
홍고추 1개, 대파 1대, 물 3컵, 김치국물 3큰술,
들기름 1큰술, 다진 마늘 ½작은술,
국간장 ½큰술, 소금 약간.

●●● 만드는 방법

1 김치는 한입크기로 자르고, 홍고추와 대파는 어
숫 썰고 떡은 물에 담가 놓는다.

2 김치를 들기름에 볶다가 김치가 투명해지면 물
과 멸치를 넣는다.

3 팔팔 끓으면 멸치는 건져내고 김치국물과 떡을
넣는다.

4 고추와 대파를 넣고 국간장과 다진 마늘, 소금으
로 간을 한다.

✳ 햄김치찌개

재료

프랑크 햄 1개, 슬라이스 햄 3장,
김치 ¼포기, 두부 ¼모, 대파 1대, 물 3컵,
김치국물 3큰술, 들기름 1큰술,
다진 마늘 ½작은술,
국간장 ½큰술, 소금 약간

●●● 만드는 방법

1 김치와 햄은 한입크기로 자르고 대파는 어슷 썬
다.

2 김치를 들기름에 볶다가 김치가 투명해지면 물
을 넣는다.

3 팔팔 끓으면 김치국물과 햄을 넣는다.

4 대파를 넣고 국간장과 다진 마늘, 소금으로 간을
한다.

어묵김치찌개

재료

어묵 100g, 김치 ¼포기, 두부 ¼모,
청양고추 1개, 대파 1대, 물 3컵, 김치국물 3큰술,
들기름 1큰술, 다진 마늘 ½작은술,
국간장 ½큰술, 소금 약간

●●● 만드는 방법

1 김치와 어묵은 한입크기로 자르고 청양고
추와 대파는 어슷 썬다.

2 김치를 들기름에 볶다가 김치가 투명해지
면 물을 넣는다.

3 팔팔 끓으면 김치국물과 어묵을 넣는다.

4 고추와 대파를 넣고 국간장과 다진 마늘,
소금으로 간을 한다.

총각무김치찌개

재료

총각김치 5개, 멸치 반줌, 대파 1대, 물 4컵,
김치국물 3큰술, 들기름 2큰술,
다진 마늘 ½작은술, 국간장 ½큰술,
소금 약간

●●● 만드는 방법

1 총각김치가 너무 크면 알맞게 등분하고 대
파는 어슷 썬다.

2 물에 총각김치와 멸치, 들기름을 넣고 끓
인다.

3 총각김치가 투명해지면 멸치는 건져낸다.
김치국물을 넣고 총각김치가 부드러워질
때까지 뚜껑을 닫고 끓인다.

4 대파를 넣고 국간장과 다진 마늘, 소금으
로 간을 한다.

순두부김치찌개

재료

순두부 ½모, 김치 ¼포기, 두부 ¼모, 멸치 반줌,
대파 1대, 물 3컵, 김치국물 3큰술, 들기름 1큰술,
다진 마늘 ½작은술, 국간장 ½큰술,
소금 약간

●●● 만드는 방법

1 김치는 한입크기로 자르고 대파는 어슷 썬
다.

2 김치를 들기름에 볶다 김치가 투명해지면
물과 멸치를 넣는다.

3 팔팔 끓으면 멸치는 건져내고 김치국물을
넣어준다.

4 순두부, 대파를 넣고 국간장과 다진 마늘,
소금으로 간을 한다.

요령 3

간단하게 만드는
시원한 냉국의 요령

냉국 만들 때 도움이 되는 시판제품

액상 조미료

가루분의 조미료가 아니라, 액상으로 된 조미료. 물에 쉽게 녹을 수 있으므로 조금만 넣어도 육수 내는 번거로움을 피할 수 있다.

시판용 육수 제품

이름은 냉면육수이지만, 냉국에 사용하면 제격이다. 육수에 조미가 완벽하게 되어있으므로 별다른 간을 안 해도 된다.

참치액 소스류

훈연한 가쓰오부시의 엑기스를 추출한 것으로 김칠 맛이 뛰어나고 맛의 깊이를 더해준다. 다시마나 멸치 등으로 육수를 만들 시간이 없을 때 생수 1컵당 참치액 소스 ½큰술만 넣어도 쉽게 감칠맛을 더할 수 있다.

국시장국

멸치, 가쓰오부시, 조개 등으로 육수를 낸 시판제품. 육수를 낼 시간이 없을 때 사용하면 편리하다. 다양한 재료별 제품이 있기 때문에 메뉴에 맞는 육수 재료를 선택할 수 있다.

미역냉국

 **재료**

건미역 10g, 청양고추 1개, 홍고추 ½개, 물 1.5컵, 식초 2큰술, 국간장 ½큰술, 설탕 1큰술, 다진 마늘 1작은술,
통깨 1작은술씩, 소금 약간

 만드는 방법

1 마른 미역은 찬물에 20분간 담가 불린 후 주물러 씻는다.

2 한입크기로 자른 미역에 링 모양으로 썬 청양고추와 홍고추, 설탕, 다진 마늘, 통깨를 넣고 버무려 놓는다.

3 물에 국간장과 식초, 소금으로 간을 하여 2에 부은 후 차게 식힌다.

물보다 멸치 다시마 육수를 내어 사용하면 더 좋다.
미역을 살짝 데쳐서 사용하면 더욱 파란 빛깔이 된다.
물론 데치지 않아도 무방하다.

오이냉국

재료

오이 1개, 홍고추 1개, 실파 2대,
홍고추 ½개, 물 1.5컵, 식초 2큰술, 국간장 ½큰술,
설탕 1큰술, 다진 마늘 1작은술, 통깨 1작은술씩,
소금 약간

●●● **만드는 방법**

1 오이는 곱게 채 썰어 준비한다.

2 홍고추와 실파는 링 모양으로 썬다.

3 오이, 홍고추, 실파에 다진 마늘, 식초, 국간장,
설탕, 통깨를 넣는다.

4 물을 붓고 소금으로 나머지 간을 하여 차게 한
다.

가지냉국

재료

가지 1개, 실파 2대, 홍고추 ½개, 물 1.5컵,
고춧가루 1작은술, 식초 2큰술, 국간장 ½큰술,
설탕 1큰술, 다진 마늘 1작은술, 통깨 1작은술씩,
소금 약간

●●● **만드는 방법**

1 가지는 4등분으로 잘라 찜통에 넣어 너무 무르
지 않게 찐 후 젓가락으로 찢는다.

2 홍고추와 실파는 곱게 채 썬다.

3 가지와 홍고추, 실파에 다진 마늘, 고춧가루, 설
탕, 통깨를 넣고 버무린다.

4 물에 국간장과 식초를 넣어 3에 붓고 소금으로
나머지 간을 하여 차게 한다.

콩나물냉국

재료

콩나물 150g(½봉지), 멸치 반줌,
홍고추 · 청고추 각 1개씩, 실파 1대,
물 4컵, 다진 마늘 1작은술, 국간장 1큰술,
통깨 1작은 술, 소금 약간

●●● 만드는 방법

1 콩나물은 깨끗이 손질하고 홍고추, 청고추, 실파
는 링 모양으로 썬다.

2 냄비에 물과 콩나물, 멸치를 넣고 뚜껑을 연 채
로 10분간 끓인다.

3 콩나물이 익어 투명해지면 멸치와 콩나물을 건
져내고, 국물은 국간장을 넣은 후 차게 식힌다.

4 건져낸 콩나물은 다진 마늘, 파, 고추, 통깨, 소금
으로 버무린다.

5 차게 식힌 3의 국물을 4에 부어낸다.

T I P

원한다면 식초 2큰술, 설탕 1큰술을 넣어
맛을 조절하여도 좋다.

오이지냉국

재료

오이지 1개, 실파 2대, 홍고추 ½개, 물 1.5컵,
식초 2큰술, 설탕 1큰술, 다진 마늘 1작은술,
통깨 1작은술

●●● 만드는 방법

1 오이지는 얇게 편으로 썰어 찬물에 20분간
담가 짠기를 제거하고 실파는 링 모양으로 썬
다.

2 오이지에 실파, 통깨, 설탕, 다진 마늘을 넣고
무친다.

3 물을 붓고 식초를 넣어 간을 한 후 차게 한다.

파래냉국

재료

파래 100g, 양파 ¼개, 실파 2대,
홍고추 ⅓개, 물 1.5컵, 식초 2큰술, 국간장 ½큰술,
설탕 1큰술, 다진 마늘 1작은술, 통깨 1작은술,
소금 약간

●●● **만드는 방법**

1 파래는 깨끗이 씻어 적당한 길이로 자르
고 양파는 얇게 채 썰며 홍고추와 실파는
링 모양으로 썬다.

2 파래, 양파, 홍고추, 실파에 다진 마늘, 국
간장, 통깨, 설탕을 넣고 버무린다.

3 물을 붓고 식초, 소금으로 나머지 간을
한다.

해초냉국

재료

해초 100g, 실파 2대,
홍고추 ⅓개, 물 1.5컵, 식초 2큰술, 국간장 ½큰술,
설탕 1큰술, 다진 마늘 1작은술, 통깨 1작은술,
소금 약간

●●● **만드는 방법**

1 해초는 적당한 길이로 자르고, 홍고추와
실파는 링 모양으로 썬다.

2 해초와 홍고추, 실파에 식초, 통깨, 설탕,
소금을 넣고 버무린다.

3 물을 붓고 차게 한다.

김치냉국

재료

김치 ⅛포기, 청양고추 1개, 실파 2대, 오이 ¼개, 물 1.5컵

김치양념 재료

고춧가루 ½큰술, 설탕 ½큰술, 참기름 1큰술

육수양념 재료

김치국물 ½컵, 식초 2큰술, 설탕 2큰술, 국간장 ½큰술, 다진 마늘 ½작은술, 소금 · 통깨 약간

●●● 만드는 방법

1 김치는 소를 털어 송송 썰고 청양고추와 실파는 링 모양으로 썰고 오이는 곱게 채 썬다.

2 김치를 김치양념 재료에 버무린다.

3 물에 육수양념 재료를 넣어 간을 한 후 2에 붓고 오이, 청양고추, 실파를 얹어낸다.

도토리묵냉국

재료

도토리묵 ½모, 배추김치 ⅛포기, 오이 ¼개, 김가루 약간, 물 2컵, 국간장 ½큰술, 식초 2큰술, 설탕 1큰술, 소금 약간

김치양념 재료

참기름 · 고춧가루 · 설탕 각 1작은술씩

●●● 만드는 방법

1 도토리묵은 5cm 길이로 도톰히 채 썰고 김치는 송송 썬다.

2 김치는 김치양념 재료에 버무리고, 오이는 채 썬다.

3 물에 국간장, 식초, 설탕, 소금을 섞어 차게 한다.

4 그릇에 묵, 김치, 오이, 김가루를 얹고 3을 붓는다.

초계탕

재료

닭가슴살 1쪽, 닭다리살 3쪽, 오이 ½개, 무 한토막(100g), 달걀지단 1장, 메밀소면 한줌, 대파 1대,
마늘 4쪽, 월계수잎 2장, 통후추 5알, 물 6컵

닭육수 양념 재료 식초 2큰술, 설탕 1큰술, 연겨자 1작은술, 깨 1큰술, 국간장 1작은술, 소금, 후추 약간씩

오이절임 재료 식초 2작은술, 설탕 1작은술

무 절임 재료 식초 1큰술, 설탕 ½큰술

●●● **만드는 방법**

1 물 6컵에 닭가슴살, 닭다리살, 대파, 마늘, 월계수잎, 통후추를 넣고 20분간 삶는다.

2 닭은 건져내고 면보에 육수를 거른 후 차게 식힌다. 차게 식힌 육수에 닭육수 양념 재료를 넣어 맛을 낸다.

3 닭고기는 잘게 찢어 소금, 후추로 간을 한다.

4 오이는 얇게 링 모양으로 썰고, 무는 얇게 편 썰어 소금에 5분간 절인 뒤, 각 절임 재료를 넣고 버무린다.

5 달걀지단은 채 썰고, 메밀국수는 삶는다.

6 그릇에 메밀국수, 닭고기살, 오이, 무, 달걀지단을 얹고 2의 육수를 부어낸다.

요령 4

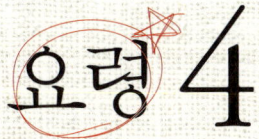

알수록 쉬운
전골의 요령

전골 맛내기의 포인트

여러 가지 재료들이 가지런히 놓여 있는 전골 냄비. 상 위에서 보글보글 바로 끓여먹는 것이 전골의 재미다.
제대로 우러난 전골 맛을 내려면 다음의 요령을 알아두면 좋다.

전골을 끓일 때는 육수를 충분히 낼 수 있는 재료가 있어야 한다. 만약 그런 재료가 없다면 따로 육수를 내어서 끓여야 제 맛이 난다.

해산물로 끓인 전골의 경우 생강즙이나 청주(맛술)로 비린내를 제거하면 좋다.

냉동실에 사골국물이 있다면 물과 1:1로 섞어 사용하면 좋다.

전골의 재료 중 채소가 주일 경우는 국물을 조금 적게 잡아야 한다. 무, 배추, 양파와 같은 채소는 익으면서 물이 많이 나온다.

전골에 양념을 넣을 때는 양념 재료 하나하나씩 냄비에 넣지 말고, 양념장을 미리 만들어 넣어야 골고루 잘 어울린다.

생선 전골은 오래 끓일수록 진하고 감칠맛이 나지만, 낙지, 오징어, 조개 등은 너무 많이 끓이면 질겨져 맛이 덜하다.

전골 만드는 기본 방법

1 멸치, 다시마, 고기, 해산물 중 하나를 골라서 원하는 육수를 만들어 놓는다(16~17쪽 육수 내기 참고).

2 전골 재료들을 손질하고 먹기 좋은 크기로 잘라 준비한다.

3 전골 냄비에 재료들을 보기 좋게 넣는다.

4 준비해둔 육수를 넉넉히 붓는다.

5 양념을 넣는다.

6 푸른 채소를 넣고 소금, 후추로 나머지 간을 한다.

두부전골

재료

두부 ½모, 호박 ¼개, 느타리버섯 한줌, 청양고추 1개, 미나리 한줌, 대파 1대, 바지락 200g,
멸치 반줌, 다시마(가로×세로 5cm) 1장, 물 4컵, 다진 마늘 ½큰술,
국간장 1.5큰술, 소금·후추 약간씩

● ● ● **만드는 방법**

1 물, 멸치, 다시마, 바지락을 넣고 10분간 끓인 뒤, 멸치와 다시마는 건져낸다. 바지락은 따로
　 모아놓고 육수를 걸러낸다.

2 두부는 한입 크기, 미나리는 5cm 길이로 자르고, 호박은 반달썰기, 청양고추와 대파는 어슷
　 썰기를 해놓는다. 느타리버섯은 한가닥씩 찢는다.

3 전골 냄비에 육수 냈던 바지락과 두부, 호박, 느타리버섯, 청양고추, 미나리, 대파를 넣는다.

4 육수를 붓고 다진 마늘, 국간장, 소금, 후추로 간을 하여 다시 한 번 보글보글 끓인다.

순두부전골

재료

연두부 1모, 부추 ¼단, 팽이버섯 1봉지, 대파 1대, 바지락 200g, 멸치 반줌,
다시마(가로×세로 5cm) 1장, 홍고추 1개, 물 4컵, 다진 마늘 ½큰술, 새우젓 1큰술,
국간장 1큰술, 소금·후추 약간씩

●●● 만드는 방법

1 물, 멸치, 다시마, 바지락을 넣고 10분간 끓인 뒤, 멸치와 다시마는 건져낸다. 바지락은 따로
   모아놓고 육수를 걸러낸다.

2 부추는 4cm 길이로 자르고, 팽이버섯은 밑단을 자르며, 대파는 어슷 썬다.

3 전골 냄비에 육수 냈던 바지락과 부추, 대파, 팽이버섯을 나열하고, 연두부를 수저로 떠서
   올린다.

4 육수를 붓고 다진 마늘, 새우젓, 국간장, 소금, 후추로
   간을 하여 다시 한 번 보글보글 끓인다.

만두전골

재료

만두 10개, 무 100g, 느타리버섯 50g, 당근 ¼개, 대파 1대, 쑥갓 한줌, 멸치 반줌,
다시마(가로×세로 5cm) 1장, 물 4컵, 다진 마늘 ½큰술, 국간장 2큰술, 소금 · 후추 약간씩

● ● ● **만드는 방법**

1 무는 나박 썰고, 당근은 편으로 썰고, 대파는 어슷 썬다. 느타리버섯은 한가닥씩 찢는다.

2 물, 무, 멸치, 다시마를 넣고 10분간 끓인 후 멸치와 다시마는 건져낸다. 무는 따로 모아놓고
육수를 걸러낸다.

3 전골 냄비에 육수를 냈던 무, 만두, 느타리버섯, 당근, 대파, 쑥갓을 둘러 나열한다.

4 육수를 붓고, 다진 마늘, 국간장, 소금, 후추로 간을 하여 다시 한 번 보글보글 끓인다.

버섯전골

재료

느타리버섯 50g, 표고버섯 3개, 양송이버섯 3개, 새송이버섯 2개, 팽이버섯 ½봉지,
쇠고기 200g, 미나리 한줌, 멸치 반줌, 다시마(가로×세로 5cm) 1장, 대파 1대,
물 4집, 다진 마늘 ½큰술, 국간장 2큰술, 소금 · 후추 약간씩

쇠고기 양념 재료

간장 1큰술, 설탕 ½큰술, 참기름 1작은술, 다진 마늘 1작은술, 소금 · 후추 약간씩

●●● 만드는 방법

1 느타리버섯은 하나씩 갈라놓고, 표고버섯과 양송이버섯, 새송이버섯은 도톰하게 편으로 썬다. 미나리는 5cm 길이로 자르고, 대파는 어슷 썬다.

2 쇠고기는 얇게 편으로 썰어 쇠고기 양념 재료에 버무려놓는다.

3 물, 멸치, 다시마를 넣고 10분간 끓인 후 멸치와 다시마는 건져내고, 육수는 걸러놓는다.

4 전골 냄비에 느타리버섯, 표고버섯, 양송이버섯, 새송이버섯, 팽이버섯, 대파를 둘러 나열하고 미나리와 양념한 쇠고기를 얹는다.

5 육수를 붓고, 다진 마늘, 국간장, 소금, 후추로 간을 하여 다시 한 번 보글보글 끓인다.

어묵전골

재료

어묵 200g, 표고버섯 3개, 팽이버섯 ½봉지, 양파 ½개, 쑥갓 한줌, 멸치 반줌,
가쓰오부시 한줌, 다시마(가로×세로 5cm) 1장, 대파 1대, 물 4컵, 다진 마늘 ½큰술,
국간장 1큰술, 소금 · 후추 약간씩

●●● 만드는 방법

1 어묵은 한입크기로 썰거나 꼬치에 끼운다. 표고버섯은 편 썰고 팽이버섯은 밑둥을 자른다.
양파는 채 썰고, 대파는 어슷 썬다.

2 물, 멸치, 다시마를 넣고 10분간 끓인 후 불을 끄고 가쓰오부시를 넣는다. 10분 후 채반에 육
수를 걸러낸다.

3 전골 냄비에 어묵, 양파, 표고버섯, 팽이버섯, 대파, 쑥갓을 둘러 넣어 나열한다.

4 육수를 붓고 다진 마늘, 국간장, 소금, 후추로 간을 하여 다시 한 번 보글보글 끓인다.

TIP
전골의 어묵은 간장 1큰술+물 ½큰술+와사비(또는 겨자)
약간을 넣은 장에 찍어 먹으면 더 맛있다.

닭고기전골

재료

닭고기 가슴살 300g, 애호박 ¼개, 두부 ¼모, 양송이버섯 3개, 다시마(가로×세로 5cm) 1장, 홍고추 1개, 대파 1대, 물 4컵, 다진 마늘 ½큰술, 국간장 2큰술, 소금 · 후추 약간씩

육수 재료

대파 1대, 통마늘 4개, 통후추 5알

●●● **만드는 방법**

1 물 4컵에 육수 재료와 닭고기 가슴살을 넣고 15분간 끓인 후 대파, 통마늘, 통후추는 건져낸다.

2 1의 닭고기 가슴살은 얇게 편으로 썰고, 애호박은 반달썰기, 두부는 한입크기 썰기, 양송이는 편 썰기, 홍고추와 대파는 어슷 썬다.

3 전골 냄비에 닭가슴살, 애호박, 두부, 양송이버섯, 홍고추, 대파를 둘러 나열한다.

4 육수를 붓고, 다진 마늘, 국간장, 소금, 후추로 간을 하여 다시 한 번 보글보글 끓인다.

연포탕

재료

낙지 2마리, 미더덕 100g, 모시조개 100g, 두부 ½모, 무 100g, 다시마(가로×세로 5cm) 1장, 미나리 2줌, 청양고추 2개, 대파 1대, 물 4컵, 다진 마늘 1큰술, 국간장 2큰술, 소금 · 후추 약간씩

●●● **만드는 방법**

1 낙지는 5cm 길이로 자르고, 무와 두부는 한입크기로 자르며, 청양고추와 대파는 어슷 썬다.

2 물, 모시조개, 다시마, 미더덕, 무를 넣고 10분간 끓인 후 다시마는 건져낸다.

3 낙지와 두부, 청양고추를 넣고 끓인다.

4 다진 마늘, 국간장, 소금, 후추로 간을 한 후 미나리와 대파를 넣고 마무리한다.

맑은 해물전골

재료

새우(중하) 5마리, 홍합 100g, 바지락 100g, 미더덕 50g, 느타리버섯 50g, 무 100g, 미나리 2줌,
청양고추 2개, 대파 1대, 물 3컵, 다진 마늘 1큰술, 국간장 2큰술, 소금 · 후추 약간씩

● ● ● **만드는 방법**

1 무는 나박 썰고, 대파와 청양고추는 어슷 썰고, 미나리는 6cm 길이로 자른다. 느타리버섯은
한가닥씩 찢는다. 해산물은 깨끗이 씻어 준비한다.

2 물, 다시마, 나박 썬 무, 홍합, 바지락, 미더덕을 넣고 10분간 끓인다.

3 새우와 청양고추, 느타리버섯, 대파를 넣고 다진 마늘, 국간장, 소금, 후추로 간을 하여 다시
한 번 팔팔 끓인다.

4 미나리를 넣고 마무리한다.

생태지리

재료

생태 1마리, 바지락 200g, 콩나물 ⅓봉지, 무 한토막(100g), 배추 3장, 미나리 2줌,
청양고추 2개, 대파 1대, 물 4컵, 다진 마늘 1큰술, 국간장 2큰술, 소금 · 후추 약간씩

● ● ● **만드는 방법**

1 생태는 내장을 깨끗이 손질하여 세 토막을 내고, 무와 배추는 나박 썰기를 한다. 미나리는
6cm 길이로 썰고, 대파와 청양고추는 어슷 썬다.

2 물, 바지락, 무, 배추를 10분간 끓인 후 생태를 넣는다.

3 콩나물을 넣고 끓이다가 다진 마늘, 국간장, 소금 후추로 간을 한다.

4 미나리, 청양고추, 대파를 넣고 다시 한 번 끓인다.

홍합탕

재료

홍합 400g, 양파 ½개, 청양고추 2개, 홍고추 1개, 대파 1대, 물 4컵, 다진 마늘 1큰술,
국간장 2큰술, 소금 · 후추 약간씩

● ● ● **만드는 방법**

1 홍합은 수염을 깨끗이 손질하고 양파는 도톰하게 채 썰고, 청양고추와 홍고추, 대파는 어슷
썬다.

2 물과 홍합을 넣고 10분간 끓인다.

3 양파와 청양고추, 홍고추, 대파를 넣고 다진 마늘, 국간장, 소금, 후추로 간을 하여 다시 한
번 팔팔 끓인다.

조개탕

재료

모시조개 200g, 백합 200g, 두부 ½모, 청양고추 2개, 홍고추 1개, 대파 1대,
물 4컵, 다진 마늘 1큰술, 국간장 2큰술, 소금 · 후추 약간씩

●●● **만드는 방법**

1 두부는 한입크기로 자르고, 청양고추, 홍고추, 대파는 어슷 썬다.

2 물과 모시조개, 백합을 넣고 10분간 끓인다.

3 두부, 청양고추, 홍고추, 대파를 넣고 다진 마늘, 국간장, 소금, 후추로 간을 하여 다시 한 번
팔팔 끓인다.

매운 두부전골

재료

두부 ½모, 쇠고기 200g, 호박 ¼개, 배춧잎 3장, 팽이버섯 ½봉지, 멸치 반줌,
다시마(가로×세로 5cm) 1장, 홍고추 1개, 대파 1대, 물 3컵,

고기 양념 재료

간장 1큰술, 설탕 ½큰술, 맛술 1큰술, 참기름 1작은술, 다진 마늘 1작은술, 소금 · 후추 약간씩

양념 재료

고추장 1큰술, 고춧가루 2큰술, 다진 마늘 ½큰술, 국간장 1큰술, 소금 · 후추 약간씩

● ● ● **만드는 방법**

1 두부와 배추는 한입크기로 자르고, 쇠고기는 얇게 편으로 썰고, 호박은 반달썰기, 홍고추와
대파는 어슷 썬다. 팽이버섯은 밑둥을 잘라 준비한다.

2 쇠고기는 양념에 버무려 놓고 전골 양념 재료도 섞어둔다.

3 물, 멸치, 다시마, 배추를 넣고 10분간 끓인 후 멸치와 다시마는 건져낸다.

4 전골 냄비에 두부, 배추, 쇠고기, 호박, 팽이버섯, 홍고추, 대파를 둘러 나열한다.

5 3의 육수와 섞어둔 양념을 넣고 다시 한 번 바글바 끓인다.

매운 순두부전골

재료

순두부 1봉지, 쇠고기 200g, 김치 ⅛포기, 달걀 1개, 양파 ¼개, 청양고추 2개,
멸치 반줌, 다시마(가로×세로 5cm) 1장, 홍고추 1개, 대파 1대, 물 4컵

고기 양념 재료

간장 1큰술, 설탕 ½큰술, 맛술 1큰술, 참기름 1작은술, 다진 마늘 1작은술, 소금·후추 약간씩

전골 양념 재료

고추장 ½큰술, 고추기름 1큰술, 고춧가루 2큰술, 다진 마늘 1큰술, 국간장 1큰술,
소금·후추 약간씩

●●● 만드는 방법

1 쇠고기는 얇게 편으로 썰고 김치는 한입크기로 썬다. 양파는 채 썰고 청양고추와 대파, 홍
   고추는 어슷 썬다.

2 쇠고기는 고기 양념에 버무려 놓고 전골 양념 재료도 섞어둔다.

3 물, 멸치, 다시마를 넣고 10분간 끓인 후 멸치와 다시마를 건져내어 육수를 준비한다.

4 전골냄비에 쇠고기, 김치, 양파, 청양고추, 홍고추, 대파를 두르고, 순두부를 올린다.

5 준비한 육수와 전골 양념을 넣고 다시 한 번 끓인 후 달걀을 넣고 한소끔 더 끓인다.

매운 만두전골

재료

시판용 만두 10개, 김치 ⅛컵, 느타리버섯 50g, 멸치 반줌, 다시마(가로×세로 5cm) 1장,
양파 ½개, 홍고추 1개, 대파 1대, 물 4컵

전골 양념 재료

고춧가루 2큰술, 고추장 ½큰술, 다진 마늘 1큰술, 국간장 1큰술, 맛술 1큰술, 소금·후추 약간씩

●●● 만드는 방법

1 김치는 한입크기로 썰고, 양파는 채 썰고, 홍고추와 대파는 어슷 썬다. 느타리버섯은 한가
닥씩 찢는다.

2 물, 멸치, 다시마를 넣고 10분간 끓인 후 멸치와 다시마를 건져내어 육수를 준비한다.

3 전골 양념 재료들을 섞어둔다.

4 전골 냄비에 만두, 김치, 느타리버섯, 양파, 홍고추, 대파를 둘러 나열한다.

5 준비한 육수와 전골 양념을 넣고 다시 한 번 보글보글 끓인다.

매운 떡전골

재료

떡국용 떡 100g, 쇠고기 200g, 두부 ¼모, 팽이버섯 ½봉지, 멸치 반줌,
다시마(가로×세로 5cm) 1장, 양파 ½개, 홍고추 1개, 대파 1대, 물 4컵

고기 양념 재료

간장 1큰술, 설탕 ½큰술, 맛술 1큰술, 참기름 1작은술, 다진 마늘 1작은술, 소금 · 후추 약간씩

전골 양념 재료

고추장 1.5큰술, 고춧가루 1큰술, 다진 마늘 1큰술, 국간장 1큰술, 맛술 1큰술,
소금 · 후추 약간씩

만드는 방법

1 쇠고기는 얇게 편으로 썰어 고기 양념에 재어둔다. 두부는 한입크기로 자르고 양파는 채 썰고, 홍고추와 대파는 어슷 썬다. 팽이버섯은 밑둥을 자른다.

2 물, 멸치, 다시마를 넣고 10분간 끓인 후 멸치와 다시마는 건져내어 육수를 준비한다.

3 전골 양념 재료들을 섞어둔다.

4 전골 냄비에 떡, 쇠고기, 두부, 팽이버섯, 양파, 홍고추, 대파를 둘러 나열한다.

5 준비한 육수와 전골 양념을 넣어 다시 한 번 보글보글 끓인다.

매운 버섯전골

재료

쇠고기 200g, 느타리버섯 50g, 표고버섯 3장, 양송이버섯 3개, 새송이버섯 2개,
팽이버섯 ½봉지, 미나리 한줌, 멸치 반줌, 다시마(가로×세로 5cm) 1장, 양파 ½개,
홍고추 1개, 대파 1대, 물 4컵

고기 양념 재료

간장 1큰술, 설탕 ½큰술, 맛술 1큰술, 참기름 1작은술, 다진 마늘 1작은술, 소금 · 후추 약간씩

전골 양념 재료

고추장 1큰술, 된장 ½큰술, 고춧가루 2큰술, 다진 마늘 1큰술, 멸치액젓 1큰술, 맛술 1큰술,
소금 · 후추 약간씩

● ● ● 만드는 방법

1 쇠고기는 얇게 편으로 썰어 고기 양념에 재어둔다. 표고버섯, 양송이버섯, 새송이버섯은 편으로 썰고, 느타리버섯은 한가닥씩 찢고, 팽이버섯은 밑둥을 자른다.

2 미나리는 6cm 길이로 자르고 양파는 채 썰고, 홍고추와 대파는 어슷 썬다.

3 물, 멸치, 다시마를 넣고 10분간 끓인 후 멸치와 다시마를 건져내어 육수를 준비한다.

4 전골 양념 재료들을 섞어둔다.

5 전골 냄비에 쇠고기, 버섯류, 미나리, 양파, 홍고추, 대파를 둘러 나열한다.

6 준비한 육수와 전골 양념을 넣어 다시 한 번 보글보글 끓인다.

매운 닭고기전골

재료

닭고기 가슴살 300g, 배춧잎 3장, 양송이버섯 3개, 쑥갓 한줌, 양파 ½개,
대파 1대, 통마늘 5개, 통후추 5알, 물 4컵

전골 양념 재료

고춧가루 2큰술, 고추장 ½큰술, 다진 마늘 1큰술, 국간장 1큰술, 맛술 1큰술, 소금 · 후추 약간씩

● ● ● **만드는 방법**

1 물에 닭고기 가슴살, 통대파, 통마늘, 통후추를 넣고 15분간 끓인 후 건더기를 모두 건져내
어 육수를 준비한다.

2 1의 닭고기 가슴살은 얇게 편으로 썰고, 배추는 한입크기로 자르고 양송이는 편 썰기, 양파
는 채 썰기를 한다.

3 전골 양념 재료를 섞어두고 전골냄비에 닭, 배추, 양송이, 양파, 쑥갓을 둘러 나열한다.

4 육수를 붓고 섞어둔 전골 양념을 넣고 다시 한 번 끓인다.

매운 어묵전골

재료

어묵 200g, 김치 ⅛포기, 청양고추 1개, 멸치 반줌, 다시마(가로×세로 5cm) 1장, 양파 ½개, 대파 1대, 물 4컵

전골 양념 재료

고추장 1큰술, 고춧가루 2큰술, 다진 마늘 1큰술, 국간장 1큰술, 소금 · 후추 약간씩

●●● 만드는 방법

1 어묵과 김치는 한입크기로 썰고, 양파는 채 썰고, 청양고추와 대파는 어슷 썬다.

2 물, 멸치, 다시마를 넣고 10분간 끓인 후 멸치와 다시마를 건져내어 육수를 준비한다.

3 전골 양념 재료는 섞어두고 전골 냄비에 어묵, 김치, 청양고추, 양파, 대파를 둘러 나열한다.

4 육수를 붓고 섞어둔 전골 양념을 넣고 다시 한 번 끓인다.

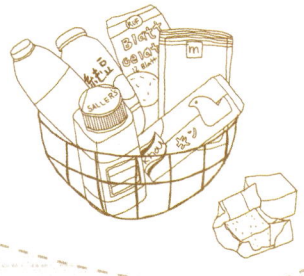

부대전골

재료

다진 쇠고기 150g, 햄 100g, 프랑크소시지 2개, 팽이버섯 ½개, 치즈 1장, 미나리 한줌,
멸치 반줌, 다시마(가로×세로 5cm) 1장, 양파 ½개, 홍고추 1개, 대파 1대, 물 4컵,
소금 · 후추 · 맛술 약간씩

전골 양념 재료

고추장 ½큰술, 고춧가루 2큰술, 다진 마늘 1큰술, 국간장 1큰술, 맛술 1큰술,
소금 · 후추 약간씩

●●● 만드는 방법

1 다진 쇠고기는 소금, 후추, 맛술로 밑간을 해놓고, 햄과 소시지는 편으로 썰며 미나리는
6cm 길이로 썬다. 팽이버섯은 밑둥을 자르고, 양파는 채 썰며, 홍고추와 대파는 어슷 썬다.

2 물, 멸치, 다시마를 넣고 10분간 끓인 후 멸치와 다시마를 건져내어 육수를 준비한다.

3 전골 양념 재료들을 섞어둔다.

4 전골 냄비에 햄과 소시지, 다진 쇠고기, 팽이버섯, 양파, 홍고추, 대파를 둘러 나열한다.

5 육수를 붓고 양념 재료를 넣어 다시 한 번 보글보글 끓인 후 마지막에 미나리와 치즈를 얹
어낸다.

매운 생태전골

재료

생태 1마리, 배추 3장, 무 100g, 미더덕 50g, 바지락 100g, 다시마(가로×세로 5cm) 1장, 청양고추 · 홍고추 각 1개씩, 대파 1대, 미나리 한줌, 물 4컵

전골 양념 재료

고추장 ½큰술, 고춧가루 2큰술, 다진 마늘 1큰술, 국간장 1큰술, 맛술 1큰술, 소금 · 후추 약간씩

● ● ● 만드는 방법

1 생태는 내장을 깨끗이 손질하여 세 토막을 내고, 무와 배추는 나박 썰기를 한다. 미나리는 6cm 길이로 썰고, 대파와 고추는 어슷 썬다.

2 전골 양념 재료를 섞어둔다.

3 물, 바지락, 무, 배추, 다시마, 미더덕을 넣고 10분간 끓인 후 생태를 넣는다.

4 2의 양념을 넣고 보글보글 끓인 후 미나리, 청양고추, 홍고추, 대파를 넣고 다시 한 번 끓인다.

알탕

재료

알 200g, 배춧잎 3장, 무 100g, 다시마(가로×세로 5cm) 1장, 양파 ½개,
홍고추 1개, 대파 1대, 미나리 한줌, 물 4컵

전골 양념 재료

고추장 1큰술, 고춧가루 2큰술, 다진 마늘 1큰술, 국간장 1큰술, 맛술 1큰술,
소금 · 후추 약간씩

● ● ● **만드는 방법**

1 배추와 무는 나박 썰기, 양파는 채 썰기, 홍고추와 대파는 어슷 썰기를 하고, 미나리는 6cm
길이로 자른다.

2 물, 다시마, 무, 배추를 넣고 10분간 끓인 후 다시마는 건져낸다.

3 양념 재료를 섞어 넣고 한소끔 끓인 후 알, 양파, 홍고추, 대파를 넣는다.

4 미나리를 넣고 마무리한다.

대합탕

재료

대합 3개, 무 100g, 다시마(가로×세로 5cm) 1장, 양파 ½개, 홍고추 1개,
대파 1대, 미나리 한줌, 물 4컵

전골 양념 재료

고추장 1큰술, 고춧가루 2큰술, 다진 마늘 1큰술, 국간장 1큰술, 맛술 1큰술,
소금·후추 약간씩

● ● ● 만드는 방법

1 무는 나박 썰기, 양파는 채 썰기, 홍고추와 대파는 어슷 썰기를 한다. 미나리는 6cm 길이로
자른다.

2 물, 다시마, 무를 넣고 10분간 끓인 뒤 다시마를 건져내어 육수를 만든다. 양념 재료를 섞어
둔다.

3 육수에 대합을 넣고 끓인 후 섞어둔 양념장을 넣고 한 번 더 끓인다.

4 양파, 홍고추, 대파를 넣고 한소끔 더 끓인 후 미나리를 넣고 마무리한다.

낙지전골

재료

낙지 2마리, 콩나물 ⅓봉지, 배춧잎 3장, 멸치 반줌, 무 100g,
다시마(가로×세로 5cm) 1장, 양파 ½개, 홍고추 1개, 대파 1대, 미나리 한줌, 물 4컵

전골 양념 재료

고추장 1큰술, 고춧가루 2큰술, 다진 마늘 1큰술, 국간장 1큰술, 맛술 1큰술,
소금 · 후추 약간씩

● ● ● **만드는 방법**

1 낙지는 6cm 길이로 자르고, 무와 배추는 나박 썰고, 양파는 채 썰고, 홍고추와 대파는 어슷
썰기, 미나리는 6cm 길이로 자른다.

2 물, 다시마, 배추, 무를 넣고 10분간 끓인 후 건더기는 건져내어 육수를 준비한다.

3 전골 양념 재료들을 섞어둔다.

4 냄비에 낙지, 콩나물, 육수 낸 배추와 무, 양파, 홍고추, 대파, 미나리를 둘러 나열한다.

5 2의 육수를 붓고 3의 전골 양념을 넣은 뒤 보글보글 끓인다.

불낙전골

재료

낙지 2마리, 쇠고기(불고기감) 200g, 두부 ½모, 멸치 반줌, 무 100g,
다시마(가로×세로 5cm) 1장, 양파 ½개, 홍고추 1개, 대파 1대, 미나리 한줌, 물 4컵

고기 양념 재료

간장 1큰술, 설탕 ½큰술, 다진마늘 ½큰술, 참기름 · 후추 약간씩

전골 양념 재료

고추장 1큰술, 고춧가루 2큰술, 다진 마늘 1큰술, 국간장 1큰술, 맛술 1큰술, 소금 · 후추 약간씩

●●● 만드는 방법

1 낙지는 6cm 길이로 자르고, 무는 나박 썰고, 두부는 한입크기로 자른다. 양파는 채 썰고,
   홍고추와 대파는 어슷 썰기, 미나리는 56cm 길이로 자른다.

2 쇠고기는 고기 양념에 재어둔다.

3 물, 다시마, 배추, 무를 넣고 10분간 끓인 후 건더기를 건져내어 육수를 준비한다.

4 양념 재료들을 섞어둔다.

5 냄비에 낙지, 쇠고기, 두부, 육수 낸 배추와 무, 양파, 홍고추, 대파, 미나리를 넣고 나열한다.

6 육수를 붓고 섞어둔 전골 양념을 넣은 뒤 보글보글 끓인다.

매운 해물전골

재료

대합 2개, 미더덕 50g, 홍합 100g, 꽃게 1마리, 바지락 100g, 무 100g,
다시마(가로×세로 5cm) 1장, 홍고추 1개, 대파 1대, 미나리 두줌, 물 4컵

전골 양념 재료

된장 ½큰술, 고추장 1큰술, 고춧가루 3큰술, 다진 마늘 1큰술, 국간장 1큰술,
맛술 1큰술, 소금 · 후추 약간씩

●●● 만드는 방법

1 해물은 깨끗이 손질해두고, 무는 나박 썰기, 홍고추와 대파는 어슷 썰기, 미나리는 6cm 길
이로 자른다.

2 물, 다시마, 미더덕, 무, 바지락을 넣고 10분간 끓인 후 다시마는 건져낸다.

3 양념 재료를 섞어둔다. 2에 대합, 홍합, 꽃게, 대파, 홍고추를 넣고 보글보글 끓인다.

4 섞어둔 양념장을 넣고 다시 한 번 끓인 후 미나리를 넣고 마무리한다.

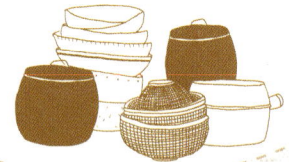

꽃게전골

재료

꽃게 2마리, 배춧잎 3장, 무 100g, 다시마(가로×세로 5cm) 1장, 홍고추 1개,
대파 1대, 미나리 한줌, 물 4컵

전골 양념 재료

된장 1큰술, 고추장 ½큰술, 고춧가루 2큰술, 다진 마늘 1큰술, 국간장 1큰술,
맛술 1큰술, 소금 · 후추 약간씩

●●● 만드는 방법

1 꽃게는 4등분하고, 무와 배추는 나박 썰기, 홍고추와 대파는 어슷 썰기, 미나리는 6cm 길이
로 자른다.

2 물, 다시마, 배추, 무를 넣고 10분간 끓인 후 다시마는 건져낸다.

3 전골 양념 재료는 따로 섞어두고, 2에 꽃게를 넣는다.

4 섞어둔 양념을 넣고 홍고추와 대파를 넣어 보글보글 끓인 후 미나리를 넣고 마무리한다.

요령 5

빠르고 간단한

볶음의 요령

볶음 맛내기의 포인트

- 국물이 생기지 않게 강불에서 단숨에 익힌다.
- 함께 볶은 재료는 서로 비슷한 크기로 썰어야 열이 균일하게 전달되어 골고루 익힐 수 있다.
- 향이 나는 재료를 먼저 넣고 볶는다.
- 수분이 많은 재료들은 절이거나 데쳐서 볶으면 더욱 좋다.
- 양념은 볶은 재료가 대략 70% 정도 익었을 때 한다.
- 바닥이 두툼한 팬을 사용한다.

KITCHEN

맑은 볶음 만들 때 사용하는 오일

카놀라유
유채씨에서 뽑아낸 기름으로 포화지방산이 오일 중 가장 낮다. 산과 열에 비교적 안정적이여서 보관에 용이하고 볶음 시 쉽게 눅눅해지지 않는다.

식용유
대두유와 옥수수유가 가장 대표적이다. 높은 온도에서 튀기면 빨리 산화되므로 튀김보다는 볶음에 더 좋다. 서늘하고 그늘진 곳에 보관한다.

참기름
불포화지방산이 풍부해 콜레스테롤을 제거하고 혈관에 탄력을 준다. 불에 쉽게 타므로, 처음부디 넣어 볶지 말고, 마지막에 첨가하는 방법으로 사용하면 더욱 효과적이다.

올리브오일
올리브를 눌러서 짜낸 기름이다. '엑스트라버진'과 '퓨어' 등급으로 나눠지는데, 엑스트라버진은 향이 강하므로, 볶음요리에는 퓨어 등급을 사용하는 것이 좋다.

포도씨오일
발화점이 식용유보다 높아 잘 타지 않으며 올리브오일보다 향이 강하지 않아 부담 없이 사용할 수 있다. 가볍고 산뜻한 볶음에 좋다.

들기름
해물을 이용한 볶음요리나 김치를 이용한 볶음요리에 사용하면 좋은데 잡냄새를 잡아주면서 깊고 구수한 맛을 더해주기 때문이다.

감자채볶음

재료
감자(中) 2개, 당근 ⅛개, 양파 ½개,
오일 2큰술, 참기름 ½큰술,
다진 실파 약간, 통깨 · 소금 · 후추 약간씩

●●● 만드는 방법

1 감자, 당근, 양파는 모두 곱게 채를 썬다.

2 채 썬 감자는 찬물에 10분간 담가 전분기를 제거한 후 물기를 없앤다.

3 달군 프라이팬에 오일을 두르고 모든 재료를 넣은 뒤 중불에서 익힌다.

4 실파를 넣고 참기름, 소금, 후추, 통깨로 간을 한다.

TIP

감자의 전분을 제거하여 볶으면 프라이팬에 들러붙는 것을 방지할 수 있다. 채 썬 감자를 소금에 절여 볶으면 감자에 간이 고루 배이고 잘 부서지지 않는다.

햄감자볶음

재료
감자(中) 2개, 슬라이스햄 5장,
양파 ½개, 오일 2큰술, 참기름 ½큰술,
다진 실파 약간, 통깨 · 소금 · 후추 약간씩

●●● 만드는 방법

1 감자, 슬라이스햄, 양파는 곱게 채를 썬다.

2 채 썬 감자는 찬물에 10분가 담가 전분기를 제거한 후 물기를 없앤다.

3 달군 프라이팬에 오일을 두르고 모든 재료를 넣은 뒤 중불에서 익힌다.

4 실파를 넣고 참기름, 소금, 후추, 통깨로 간을 한다.

✳ 어묵볶음

●●● 만드는 방법

1 어묵과 양파는 도톰히 채를 썬다.

2 달군 프라이팬에 오일을 두르고 어묵과 양파를 넣고 중불에서 익힌다.

3 실파를 넣고 참기름, 소금, 후추, 통깨로 간을 한다.

재료

어묵 200g, 양파 ⅓개, 오일 2큰술, 참기름 ½큰술,
다진 실파 약간, 통깨 · 소금 · 후추 약간씩

✳ 어묵감자볶음

●●● 만드는 방법

1 감자, 어묵, 당근, 양파는 곱게 채를 썬다.

2 채 썬 감자는 찬물에 10분간 담가 전분기를 제거한 후 물기를 없앤다.

3 달군 프라이팬에 오일을 두르고 모든 재료를 넣은 뒤 중불에서 익힌다.

4 실파를 넣고 참기름, 소금, 후추, 통깨로 간을 한다.

재료

감자(中) 2개, 어묵 100g, 당근 ⅛개, 양파 ¼개,
오일 2큰술, 참기름 ½큰술, 다진 실파 약간,
통깨 · 소금 · 후추 약간씩

시금치스크램블

재료

시금치 한줌, 달걀 2개, 오일 1큰술,
소금·후추 약간씩

●●● 만드는 방법

1 달걀에 소금을 넣어 푼 뒤, 시금치는 절반 길이로 자른다.

2 오일을 두른 팬에 달걀물을 넣고 재빨리 젓가락으로 젓는다. 시금치를 넣고 볶아준다.

3 후추로 나머지 간을 한다.

T I P
달걀에 우유 4~5큰술을 첨가하여 풀면
더욱 부드러운 스크램블이 된다.

햄스크램블

재료

슬라이스햄 2장, 달걀 2개, 오일 1큰술,
소금·후추 약간씩

●●● 만드는 방법

1 달걀에 소금을 넣어 푼 뒤, 햄을 곱게 다져 달걀물에 넣는다.

2 오일을 두른 팬에 달걀물을 넣고 재빨리 젓가락으로 젓는다.

3 후추를 뿌려 마무리한다.

브로콜리파스타볶음

재료

후질리(파스타면) 50g, 브로콜리 ¼개,
홍피망 ¼개, 오일 1큰술, 다진 마늘 1큰술,
버터 ½큰술, 소금 · 후추 약간씩

● ● ● **만드는 방법**

1 후질리는 삶아서 준비하고, 브로콜리는 한
입 크기로 자르며, 홍피망은 채 썬다.

2 오일을 두른 팬에 다진 마늘을 넣고 향을
낸 후 후질리, 홍피망, 브로콜리를 넣고 재
빨리 볶는나.

3 버터를 넣어 다시 한 번 볶은 후 소금과
후추로 간을 한다.

느타리버섯볶음

재료

느타리버섯 200g, 양파 ½개, 오일 1큰술,
다진 마늘 1큰술, 소금 · 후추 약간씩

● ● ● **만드는 방법**

1 느타리버섯은 한가닥씩 찢어놓고 양파는
채 썬다.

2 오일을 두른 팬에 다진 마늘을 넣고 향을
낸 후 느타리버섯과 양파를 넣고 볶는다.

3 강물에서 새빨리 볶은 뒤 소금과 후추로
간을 한다.

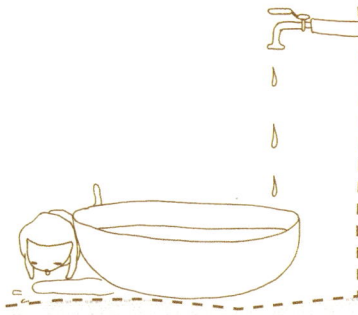

버섯닭고기볶음

재료

닭안심 200g, 양송이 6개, 팽이버섯 ½봉지,
오일 1큰술, 다진 마늘 1큰술,
소금 · 후추 · 맛술 약간씩

●●● 만드는 방법

1 닭고기안심은 한입크기로 잘라 소금, 후
추, 맛술로 밑간을 해놓는다.

2 양송이는 편으로 썰고 팽이버섯은 밑단을
자른다.

3 오일을 두른 팬에 다진 마늘을 넣고 향을
낸 후 닭고기를 넣고 볶는다.

4 양송이와 팽이버섯을 넣고 재빨리 볶은 후
소금과 후추로 간을 한다.

버섯쇠고기볶음

재료

쇠고기 200g, 새송이버섯 3개 ,
청피망 · 홍피망 ½개씩, 오일 1큰술,
다진 마늘 1큰술, 소금 · 후추 · 맛술 약간씩

●●● 만드는 방법

1 쇠고기는 채 썰고 소금, 후추, 맛술로 밑간
을 해놓는다.

2 새송이버섯은 편 썰고, 청피망, 홍피망은
채 썬다.

3 오일을 두른 팬에 다진 마늘을 넣고 향을
낸 후 쇠고기를 넣고 볶는다.

4 새송이버섯과 청피망, 홍피망을 넣고 재빨
리 볶은 후 소금과 후추로 간을 한다.

취나물볶음

재료

취나물 200g, 들기름 2큰술, 국간장 ½큰술,
다진 마늘 1작은술, 다진 대파 1큰술,
깨소금 1작은술, 소금 · 후추 약간씩

●●● 만드는 방법

1 취나물은 소금을 약간 넣은 끓는 물에 살
짝 데쳐 물기를 제거한다.

2 팬에 들기름과 취나물, 다진 마늘을 넣고
볶는다.

3 다진 대파, 국간장, 깨소금, 소금, 후추로
간을 한다.

TIP
봄에 나오는 취나물은 연하여 살짝 데쳐도 되지
만, 여름과 가을에 나온 취나물은 질 길 수 있어
충분히 데쳐야 한다.

고구마줄기볶음

재료

고구마줄기 200g, 들기름 1큰술,
국간장 ½큰술, 다진 마늘 1작은술,
다진 대파 1큰술, 깨소금 1작은술,
소금 · 후추 약간씩

●●● 만드는 방법

1 고구마줄기는 7~8cm 길이로 잘라 소금
을 넣은 끓는 물에 살짝 데쳐 물기를 제거
한다.

2 팬에 들기름, 고구마줄기, 디진 미늘을 넣
고 볶는다.

3 다진 대파, 국간장, 깨소금, 소금, 후추로
간을 한다.

깻잎순볶음

재료

깻잎순 200g, 들기름 2큰술, 국간장 ½큰술,
다진 마늘 1작은술, 다진 대파 1큰술,
깨소금 1작은술, 소금 · 후추 약간씩

●●● 만드는 방법

1 깻잎순은 억센 부위를 손질하여 소금을 넣
은 끓는 물에 넣고 1분간 가볍게 데친 후
물기를 제거한다.

2 깻잎순, 다진 마늘, 다진 대파, 국간장, 깨
소금, 소금, 후추로 버무린다.

3 들기름을 두른 팬에 2를 넣고 가볍게 볶아
둔다.

TIP
깻잎순의 경우 들기름과 함께 볶아야 더욱 부드
럽고, 미리 양념으로 조물조물해 놓은 후 볶아
야 좋다.

도라지볶음

재료

깐 도라지 150g, 오일 1큰술, 참기름 1큰술,
다진 마늘 1작은술, 다진 대파 1큰술,
깨소금 1작은술, 소금 · 후추 약간씩

●●● 만드는 방법

1 깐 도라지는 10분간 찬물에 담가 쓴맛을
우려낸 뒤 소금을 넣은 끓는 물에 데친다.

2 오일을 두른 팬에 데친 도라지를 넣고 볶
은 후, 다진 마늘, 다진 파, 소금, 후추, 깨
소금으로 간을 한다.

3 참기름을 넣고 마무리한다.

고사리볶음

재료

삶은 고사리 200g, 들기름 2큰술, 국간장 1큰술,
다진 마늘 1작은술, 다진 대파 1작은술,
깨소금 1작은술, 소금 · 후추 약간씩

● ● ● **만드는 방법**

1 삶은 고사리는 소금을 넣은 물에 다시 한 번 데
치고 물기를 제거한 뒤 7~8cm 길이로 자른다.

2 들기름을 두른 팬에 고사리를 볶는다.

3 국간장, 다진 마늘, 다진 대파, 소금, 후추, 깨소
금으로 간을 한 후 부드러워질 때까지 볶아준다.

T I P

삶은 고사리를 구입했더라도 다시 한 번 삶아서 잡내
를 제거한 후 사용한다.

미역줄기볶음

재료

염장미역줄거리 200g, 오일 2큰술,
다진 마늘 1작은술, 맛술 1큰술, 설탕 1작은술,
통깨 1작은술, 참기름 1큰술, 소금 · 후추 약간씩

● ● ● **만드는 방법**

1 미역줄거리는 20~30분간 물에 담가 짠기를 제거한
후 7~8cm 길이로 자른다.

2 오일을 두른 팬에 다진 마늘을 볶아 향을 낸 후 미역
줄거리를 넣고 볶는다.

3 맛술, 설탕, 소금, 후추로 간을 한 후 참기름과 통깨
를 넣고 마무리한다.

T I P

염장미역줄거리는 물에 담가 짠기를 제거하여야
하지만, 너무 많이 빼도 맛이 없다. 20~30분 정도
지난 다음 한 가닥 먹어보고 적정한 시점에 흐르는
물에 씻어 마무리한다.

✳ 가지쇠고기볶음

●●● **만드는 방법**

1 다진 쇠고기는 소금, 후추, 맛술로 밑간해놓고, 가지는 어슷 썰고, 브로콜리는 송이송이 잘라놓는다.

2 오일을 두른 팬에 다진 마늘을 볶아 향을 낸 후 쇠고기를 넣고 볶는다.

3 가지와 브로콜리를 넣고 볶다가 소금, 후추로 간을 한다.

4 참기름과 통깨를 넣고 마무리한다.

재료

다진 쇠고기 100g, 가지 2개, 브로콜리 ¼송이, 오일 2큰술, 다진 마늘 1작은술, 통깨 1작은술, 참기름 2작은술, 맛술 · 소금 · 후추 약간씩

✳ 가지볶음

●●● **만드는 방법**

1 가지는 어슷 썰고, 양파와 홍고추는 채 썬다.

2 오일을 두른 팬에 다진 마늘을 볶아 향을 낸 후 가지를 넣고 볶는다.

3 양파와 홍고추를 넣고 볶다가 설탕, 소금, 후추로 간을 한다.

4 참기름과 통깨를 넣고 마무리한다.

재료

가지 2개, 양파 ½개, 홍고추 1개, 오일 2큰술, 다진 마늘 1작은술, 설탕 1작은술, 통깨 1작은술, 참기름 2작은술 소금 · 후추 약간씩

무나물볶음

재료

무 200g, 물 ¼컵, 들기름 1큰술, 다진 쪽파 3큰술,
다진 마늘 1작은술, 통깨 1작은술, 소금 · 후추 약간씩

●●● **만드는 방법**

1 무는 곱게 채 썬다.

2 냄비에 물과 무, 소금 약간을 넣은 후 끓인다.

3 무가 어느 정도 익고 물기가 없어지면, 들기름,
다진 마늘, 소금을 넣고 약불에서 볶는다.

4 다진 쪽파와 통깨, 후추를 넣고 마무리한다.

TIP

오일을 두른 팬에 무를 바로 볶으면 색이
노랗게 변하고 부드럽게 익히기 어렵다.

양배추볶음

재료

양배추 ⅛통, 새우살 100g, 오일 1큰술,
다진 쪽파 3큰술, 다진 마늘 1작은술,
통깨 1작은술, 소금 · 후추 약간씩

●●● **만드는 방법**

1 양배추는 곱게 채 썰고, 새우살은 소금물에 씻어 준
비한다.

2 오일을 두른 팬에 양배추와 소금을 넣고 볶는다.

3 양배추가 어느 정도 익으면 새우살과 다진 마늘을
넣고 볶는다.

4 후추, 통깨로 간을 한 뒤 다진 쪽파를 넣고 마무리한
다.

숙주차돌박이볶음

재료

차돌박이 200g, 숙주 ½봉지, 버터 2큰술,
청양고추 2개, 홍고추 1개,
소금 · 후추 약간씩

●●● 만드는 방법

1 차돌박이는 핏기를 닦아주고, 청양고추와
홍고추는 링 모양으로 썬다.

2 팬에 차돌박이를 소금과 후추를 조금씩 뿌
려가며 굽는다.

3 다른 팬의 한쪽 면에 버터를 두르고 숙주
를 가볍게 볶는다.

4 차돌박이와 숙주를 함께 섞어 볶은 후 청
양고추, 홍고추를 넣고 소금, 후추로 간을
한다.

호박버섯볶음

재료

애호박 ½개, 표고버섯 3장, 양파 ½개,
홍고추 1개, 오일 1큰술, 다진 마늘 1작은술,
참기름 1큰술, 통깨 1작은술,
소금 · 후추 약간씩

●●● 만드는 방법

1 애호박은 반달 썰고, 표고버섯은 편 썰기,
양파는 채 썰기, 홍고추는 링 모양으로 썬
다.

2 오일을 두른 프라이팬에 다진 마늘을 넣고
볶다 애호박, 표고버섯, 양파를 넣는다.

3 홍고추를 넣은 후 소금, 후추, 통깨, 참기
름으로 간을 한다.

떡볶음

재료

가래떡 200g, 쇠고기 100g, 양배추 3장,
청피망 ½개, 홍피망 ½개, 오일 1큰술,
다진 마늘 1작은술, 참기름 1큰술,
통깨 1작은술, 소금 · 후추 · 맛술 약간씩

● ● ● **만드는 방법**

1 가래떡은 6등분하고 쇠고기는 채 썰어 소
금, 후추, 맛술로 밑간을 해둔다.

2 양배추, 청피망, 홍피망은 채 썬다.

3 오일을 두른 프라이팬에 다진 마늘을 넣고
볶다 쇠고기를 넣고, 가래떡, 양배추, 청피
망, 홍피망을 넣고 볶는다.

4 소금, 후추, 통깨, 참기름으로 간을 한다.

새우젓애호박볶음

재료

애호박 1개, 양파 ½개, 홍고추 1개,
들기름 1큰술, 다진 마늘 2작은술,
새우젓 1큰술, 소금 · 후추 약간씩

● ● ● **만드는 방법**

1 애호박은 반달 썰기, 양파는 채 썰기, 홍고
추는 어슷썰기를 한다.

2 들기름을 두른 팬에 애호박, 양파를 넣고
볶는다.

3 애호박이 익으면 새우젓, 다진 마늘, 홍고
추를 볶은 후 소금과 후추로 나머지 간을
한다.

T I P

애호박을 소금에 절인 후 사용하면 볶을 때
빠져나오는 물기가 적어 더욱 좋다.

멸치견과류볶음

재료

잔멸치 50g, 호두 한줌, 잣 반줌, 맛술 2큰술,
오일 1큰술, 참기름 2큰술, 물엿 1큰술,
설탕 1큰술, 소금 · 후추 약간씩

● ● ● **만드는 방법**

1 오일을 두르지 않은 팬에 잔멸치를 볶아 비린내를
없애준다.

2 1에 오일을 두르고, 호두와 잣을 넣고 함께 볶는다.

3 맛술과 참기름, 설탕을 넣고, 소금과 후추로 나머지
간을 한다.

4 불을 끈 후 물엿을 넣고 마무리한다.

T I P
물엿은 불을 끈 후 마지막에 버무려주듯이 넣어야,
멸치가 딱딱해지는 것을 방지할 수 있다.

소시지볶음

재료

비엔나소시지 200g, 양배추잎 3장,
홍피망 · 청피망 ¼개씩, 오일 1큰술,
소금 · 후추 · 검은깨 약간씩

● ● ● **만드는 방법**

1 비엔나소시지는 칼집을 넣는다.

2 양배추잎과 피망은 한입 크기로 자른다.

3 오일을 두른 팬에 소시지를 볶은 후 양배추, 피망을
넣고 볶는다.

4 소금과 후추, 검은깨로 간을 한다.

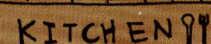

간장볶음을 만들 때 사용되는
설탕, 물엿, 올리고당

설탕

가장 널리 이용되는 감미료로 물엿보다 당도가 높다.
다른 양념의 맛을 완화시키는데, 예를 들어 너무 신 김치를 볶을 때
넣으면 신맛이 중화되고, 너무 짠 음식에 넣으면
짠맛도 어느 정도 중화시켜준다.
볶을 때 물기가 생기지 않으므로
물기 없게 볶아야 할 경우에
사용하면 좋지만,
장시간 볶는 요리에 사용되면
요리가 탈 수 있다.

물엿

설탕보다 당도가 낮고 물기가 생기게 볶아야 하는 경우와
음식의 윤기를 낼 때 주로 사용된다. 끈적임이 있어야 하는
요리에 사용하면 좋다.

올리고당

점도가 물엿보다는 낮고 설탕보다 칼로리가 낮아 다이어트에 이용되기도 한다.
건어물과 견과류를 볶을 때 사용하면, 설탕과 물엿으로 볶는 것보다 덜 딱딱해지고 윤기가 더 난다.

멸치볶음

재료

멸치 100g, 마른 홍고추 1개, 마늘 3쪽,
오일 3큰술, 간장 1큰술, 맛술 1큰술, 설탕 1큰술,
물엿 3큰술, 참기름 1큰술, 물 3큰술,
통깨 · 소금 · 후추 약간씩

●●● 만드는 방법

1 오일을 두르지 않은 팬에 멸치를 볶아 비린내를
제거해둔다.

2 마른 홍고추는 얇게 어슷 썰고, 마늘은 편으로
썬다.

3 오일을 두른 팬에 마른 홍고추와 마늘을 넣고
볶아 향을 낸 후, 간장, 맛술, 설탕, 통깨, 참기름,
물, 소금, 후추를 넣고 양념을 만든다.

4 3에 따로 볶아둔 멸치를 넣어 재빨리 볶은 후 불
을 끄고 물엿을 넣고 버무린다.

멸치견과류볶음

재료

멸치 100g, 슬라이스 아몬드 반줌, 호두 한줌,
오일 2큰술, 간장 1큰술, 설탕 1큰술,
물엿 3큰술, 참기름 1큰술, 맛술 1큰술,
통깨 · 소금 · 후추 약간씩

●●● 만드는 방법

1 오일을 두르지 않은 팬에 멸치를 볶아 비린내를
제거해둔다.

2 오일을 두른 팬에 간장, 맛술, 설탕, 통깨, 참기
름, 소금, 후추를 넣고 양념을 만든다.

3 2에 볶아둔 멸치와 호두를 넣어 재빨리 볶은 후
아몬드를 넣고 볶는다.

4 불을 끄고 물엿을 넣고 버무린다.

호두볶음

●●● **만드는 방법**

1 오일을 두른 팬에 호두를 넣고 볶는다.

2 간장, 설탕을 넣어 볶은 후 통깨, 후추, 참기름을 넣는다.

3 불을 끄고 물엿을 넣어 마무리한다.

재료

호두 200g, 오일 2큰술, 간장 2큰술,
설탕 1큰술, 물엿 2큰술, 참기름 1큰술,
통깨 · 후추 약간씩

쥐포볶음

●●● **만드는 방법**

1 쥐포는 굵직하고 길게 가위로 자르고, 쪽파는 종 종 썬다.

2 오일을 두른 팬에 다진 마늘을 볶아 향을 낸 후 쥐포를 넣는다.

3 간장, 설탕, 통깨, 후추, 참기름을 넣고 볶는다.

4 불을 끄고 물엿을 넣어 버무리듯 마무리한다.

재료

쥐포 5장, 쪽파 3대, 오일 2큰술, 간장 2큰술,
설탕 1큰술, 다진 마늘 1큰술, 물엿 2큰술,
참기름 1큰술, 통깨 · 후추 약간씩

오징어채볶음

● ● ● 만드는 방법

1 오징어채는 적당한 길이로 자른다.

2 오일을 두른 팬에 다진 마늘을 볶아 향을 낸 후 오징어채를 넣고 볶는다.

3 간장, 설탕, 통깨, 후추, 참기름을 넣고 볶는다.

4 불을 끄고 물엿을 넣고 마무리한다.

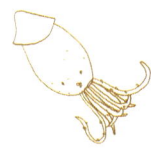

재료

오징어채 100g, 오일 2큰술, 간장 1큰술, 설탕 1큰술, 다진 마늘 1큰술, 물엿 2큰술, 참기름 1큰술, 통깨 · 후추 약간씩

꽈리고추볶음

● ● ● 만드는 방법

1 꽈리고추는 이쑤시개와 같은 뾰족한 것으로 표면에 구멍을 뚫고, 마늘은 편 썬다.

2 오일을 두른 팬에 마늘을 볶아 향을 낸 후 멸치와 꽈리고추를 넣는다.

3 간장, 설탕, 통깨, 후추, 참기름을 넣고 볶는다.

4 불을 끄고 물엿을 넣어 버무리듯 마무리한다.

재료

꽈리고추 50g, 마늘 3쪽, 멸치(中) 100g, 오일 2큰술, 간장 1큰술, 설탕 1큰술, 물엿 2큰술, 참기름 1큰술, 통깨 · 후추 약간씩

마늘종볶음

재료

마늘종 100g, 건새우 50g, 오일 2큰술,
간장 1큰술, 설탕 1큰술, 다진 마늘 1큰술,
물엿 1큰술, 참기름 1큰술,
통깨 · 후추 약간씩

●●● 만드는 방법

1 마늘종은 5cm 길이로 잘라 소금을 넣은
끓는 물에 가볍게 데쳐 준비한다.

2 오일을 두른 팬에 다진 마늘을 볶아 향을
낸 후 건새우와 마늘종을 넣고 묶는다.

3 간장, 설탕, 통깨, 후추, 참기름을 넣고 볶
는다.

4 불을 끄고 물엿을 넣어 버무리듯 마무리한
다.

단호박볶음

재료

단호박 ¼통, 새송이버섯 2개, 꽈리고추 한줌,
오일 2큰술, 간장 2큰술, 설탕 1큰술,
다진 마늘 1큰술, 물엿 2큰술, 참기름 1큰술,
통깨 · 소금 · 후추 약간씩

●●● 만드는 방법

1 단호박은 껍질째 얇게 반달 썰고 새송이버
섯은 편 썰고 꽈리고추는 반으로 자른다.

2 오일을 두른 팬에 다진 마늘을 볶아 향을
낸 후 단호박을 넣고 볶는다.

3 단호박이 어느 정도 익으면 새송이버섯과
꽈리고추를 넣고 볶은 후 간장, 설탕, 물
엿, 통깨를 넣는다.

4 참기름, 소금, 후추로 나머지 간을 한다.

오징어실채볶음

재료

오징어실채 100g, 마른 홍고추 1개, 오일 2큰술,
고추기름 2큰술, 간장 1큰술, 설탕 2큰술,
참기름 1큰술, 통깨 · 소금 · 후추 약간씩

●●● 만드는 방법

1 오징어실채를 알맞은 길이로 자른 후 분량
의 오일, 고추기름, 간장, 설탕, 통깨를 넣
고 버무린다.

2 건홍고추는 가위로 어슷 썬다.

3 약불에서 버무린 오징어채와 건홍고추를
가볍게 볶다가 참기름, 소금, 후추로 나머
지 간을 한다.

TIP
오징어실채는 불 위에서 오랫동안 볶으면
딱딱해지고 질겨진다. 양념을 버무린 후
재빨리 볶는 편이 좋은 방법이다.

떡잡채

재료

가래떡 150g, 쇠고기 50g, 양파 ½개,
당근 ¼개, 피망 1개, 표고버섯 3장,
달걀지단 1장, 오일 1큰술, 간장 2큰술,
설탕 1큰술, 참기름 1큰술,
통깨 · 소금 · 후추 · 맛술 · 다진 마늘 약간씩

●●● 만드는 방법

1 떡이 딱딱하다면 따뜻한 물에 담가 부드럽
게 만든 후 6등분한다.

2 쇠고기, 양파, 당근, 피망, 표고버섯, 달걀
지단은 모두 채 썰고, 쇠고기는 소금, 후
추, 맛술, 다진 마늘로 밑간을 한다.

3 오일을 두른 팬에 재료들을 넣고 소금, 후
추로 간을 하며 각각 볶아낸다.

4 각각 볶은 재료에 간장, 설탕, 통깨, 참기
름을 넣고 버무리듯 다시 한 번 볶아준다.

5 지단을 얹어낸다.

떡볶음

재료

떡국떡 200g, 쇠고기 100g, 양파 ½개, 당근 ¼개,
피망 1개, 오일 1큰술, 간장 2큰술, 설탕 1큰술,
다진 마늘 1큰술, 물엿 1큰술, 참기름 ½큰술,
통깨 · 소금 · 후추 · 맛술 약간씩

● ● ● **만드는 방법**

1 떡이 딱딱하다면 따뜻한 물에 담가 부드럽게 만든다.

2 쇠고기는 편으로 썰어 소금, 후추, 맛술로 밑간해두고, 양파, 당근, 피망은 채 썬다.

3 오일을 두른 팬에 다진 마늘을 볶아 향을 낸 뒤 쇠고기를 넣고 볶는다.

4 떡, 양파, 당근, 피망을 넣고 볶은 뒤 간장, 설탕, 물엿, 통깨, 후추를 넣고 볶는다.

5 참기름과 소금으로 나머지 간을 한다.

T I P

간장 분량의 절반을 굴소스로 대체하면 맛내기도 쉽고 더욱 감칠맛을 낼 수 있다.

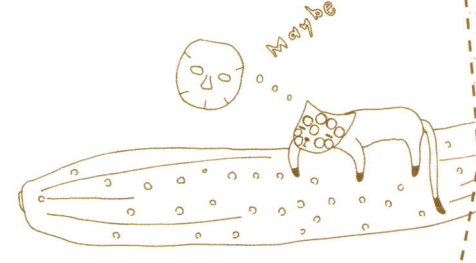

고추잡채

재료

풋고추 5개, 청양고추 3개, 피망 1개,
홍고추 1개, 돼지고기 100g, 양파 ⅓개,
오일 1큰술, 굴소스 1큰술, 간장 ½큰술,
설탕 1큰술, 다진 마늘 1큰술,
다진 생강 1작은술, 맛술 1큰술,
참기름 ½큰술, 통깨 · 소금 · 후추 약간씩

● ● ● **만드는 방법**

1 풋고추, 청양고추, 피망, 홍고추, 돼지고기,
  양파는 모두 채 썰고, 돼지고기는 소금, 후
  추로 밑간을 한다.

2 오일을 두른 팬에 다진 마늘과 다진 생강
  을 볶아 향을 낸 후 맛술과 간장, 돼지고기
  를 넣어 볶는다.

3 양파와 고추류를 넣고 볶다 굴소스, 설탕,
  통깨, 후추를 넣고 재빨리 볶는다.

4 참기름과 소금으로 나머지 간을 한다.

부추잡채

재료

부추 ½단, 쇠고기 100g, 양파 ½개, 오일 1큰술,
굴소스 1큰술, 간장 ½큰술, 설탕 1큰술,
다진 마늘 1큰술, 맛술 1큰술, 참기름 1큰술,
통깨 · 소금 · 후추 · 맛술 약간씩

● ● ● **만드는 방법**

1 부추는 5cm 길이로 자르고 쇠고기와 양파
  는 채 썬다. 쇠고기는 소금, 후추, 맛술로
  밑간을 해둔다.

2 오일을 두른 팬에 다진 마늘을 볶아 향을
  낸 후 쇠고기를 넣고 볶다가, 쇠고기가 익
  기 시작할 무렵에 양파를 넣고 볶는다.

3 굴소스, 간장, 맛술, 설탕, 통깨, 후추를 넣
  는다.

4 불을 끄고 부추를 넣어 가볍게 버무리듯
  볶은 후 참기름과 소금으로 나머지 간을
  한다.

새송이쇠고기볶음

재료

새송이버섯 2개, 쇠고기 100g, 쪽파 2대,
다진 마늘 1작은술, 참기름 1작은술, 간장 ½큰술,
굴소스 1큰술, 물엿 1큰술, 맛술 1큰술, 오일 1큰술,
소금 · 후추 약간씩

● ● ● 만드는 방법

1 새송이버섯과 쇠고기는 모두 한입크기로
  편 썰고, 쪽파는 한입크기로 썬다. 쇠고기
  는 소금, 후추로 밑간을 해둔다.

2 오일을 두른 팬에 다진 마늘을 볶아 향을
  낸 후 쇠고기를 넣고 볶는다.

3 새송이버섯을 넣고 간장, 굴소스, 물엿, 맛
  술을 넣어 재빨리 볶는다.

4 소금과 후추로 나머지 간을 한 후 쪽파와
  참기름, 통깨로 마무리한다.

가지쇠고기볶음

재료

가지 1개, 쇠고기 100g, 홍고추 1개, 대파 1대,
다진 마늘 ½큰술, 고추기름 1큰술,
참기름 1작은술, 간장 ½큰술, 굴소스 ½큰술,
물엿 1큰술, 맛술 1큰술, 오일 1큰술,
소금 · 후추 약간씩

● ● ● 만드는 방법

1 가지는 어슷 썰고 쇠고기, 홍고추, 대파는
  모두 채 썬다. 쇠고기는 소금, 후추에 밑간
  해둔다.

2 고추기름을 두른 팬에 다진 마늘을 볶아
  향을 낸 후 쇠고기를 볶는다.

3 가지와 홍고추를 넣고 볶은 후 간장, 굴소
  스, 물엿, 맛술을 넣어 재빨리 볶는다.

4 소금과 후추로 나머지 간을 한 후 대파와
  참기름, 통깨를 넣는다.

닭볶음

재료

닭(小) 1마리, 감자(中) 1개, 당근 ½개, 양파 1개,
브로콜리 ¼개, 대파 2대, 물 1.5컵, 간장 4큰술,
설탕 2큰술, 물엿 2큰술, 다진 마늘 1큰술,
맛술 2큰술, 참기름 ⅓큰술, 소금 · 후추 약간씩

● ● ● **만드는 방법**

1 닭은 토막을 낸 뒤 끓는 물에 살짝 데쳐 준비한다.

2 감자, 당근, 양파, 브로콜리는 한입크기로 썰고 대파는 어슷 썬다.

3 물에 분량의 간장, 물엿, 맛술, 설탕을 넣은 뒤 닭을 넣고 끓인다.

4 물이 절반 정도 줄어들면 감자, 당근, 양파, 브로콜리를 넣고 졸이다가 대파, 참기름을 넣고
마무리한다.

T I P

닭에 색이 잘 나도록 계속 저으면서 볶아줘야 한다.

어묵볶음

● ● ● **만드는 방법**

1 어묵은 한입크기로 자르고, 양파, 당근, 양배추는 도톰히 채 썬다.

2 오일을 두른 팬에 다진 마늘을 볶아 향을 낸 후 어묵과 야채를 넣고 볶는다.

3 간장, 맛술, 물엿, 설탕, 통깨를 넣고 볶는다.

4 참기름과 소금, 후추로 나머지 간을 한다.

재료

어묵 200g, 양파 ½개, 당근 ⅛개,
양배추 3장, 오일 1큰술, 간장 1큰술, 설탕 ½큰술,
다진 마늘 1큰술, 맛술 1큰술, 물엿 1큰술, 참기름 ½큰술,
통깨·소금·후추 약간씩

매운 양념을 만들 때 사용되는 양념

볶음에 사용되는 매운 양념은 기본적으로 5가지 종류의 양념을
어떻게 배합하느냐에 따라 맛이 달라진다.

간을 내기 위해서는
간장, 소금, 후추

단맛을 내기 위해서는
올리고당, 설탕, 물엿, 맛술

매운 맛을 내기 위해서는
고추장, 고춧가루

풍미를 돋아주기 위해서는
참기름, 통깨

향을 내기 위해서는
다진 마늘, 다진 파, 다진 생강

멸치볶음

재료

멸치 100g, 참기름 1큰술, 물엿 1큰술, 후추 약간

양념 재료

고추장 2.5큰술, 다진 마늘 ½큰술,
오일 2큰술, 간장 1큰술, 설탕 1큰술, 물엿 2큰술,
맛술 1큰술, 통깨 ½큰술

●●● 만드는 방법

1 오일을 두르지 않은 팬에서 멸치를 볶아
비린내를 없애준다.

2 다른 팬에 양념 재료를 넣고 한소끔 끓인
다.

3 멸치를 넣어 재빨리 버무리듯 볶는다.

4 불을 끄고 참기름과 물엿, 후추를 넣고 나
머지 간을 한다.

ⓣⓘⓟ

멸치에서 비린내가 심하면 전자렌즈에서 1분간
돌려주면 감소시킬 수 있다.

쥐포볶음

재료

쥐포 5장, 오일 1큰술, 참기름 ½큰술,
후추 약간

양념 재료

고추장 2.5큰술, 다진 마늘 ½큰술, 오일 2큰술,
고추기름 1큰술, 간장 1큰술, 설탕 1큰술,
물엿 2큰술, 맛술 1큰술, 통깨 ½큰술

●●● 만드는 방법

1 오일을 두른 팬에 굵직하게 채 썬 쥐포를
넣고 약불에서 볶는다.

2 다른 팬에 양념 재료를 넣고 한소끔 끓인
다.

3 쥐포를 넣어 재빨리 버무리듯 볶는다.

4 후추, 참기름으로 나머지 간을 한다.

오징어채볶음

재료

오징어채 200g, 오일 1큰술, 참기름 ½큰술,
후추 약간

양념 재료

고추장 2큰술, 다진 마늘 ½큰술, 오일 2큰술,
간장 1큰술, 설탕 1큰술, 물엿 2큰술, 맛술 1큰술,
통깨 ½큰술

●●● **만드는 방법**

1 오징어채를 적당한 길이로 자른 다음, 오
일을 두른 팬에 넣고 약불에 볶는다.

2 다른 팬에 양념 재료를 넣고 한소끔 끓인
다.

3 2의 불을 끄고 오징어채를 넣어 버무리듯
볶는다.

4 후추, 참기름으로 나머지 간을 한다.

뱅어포볶음

재료 뱅어포 5장

양념 재료

고추장 3큰술, 다진 마늘 1큰술, 간장 ½큰술,
고추기름 1큰술, 물엿 3큰술,
참기름 1큰술, 통깨 · 후추 약간씩

●●● **만드는 방법**

1 양념 재료들을 섞어둔다.

2 뱅어포는 약불에서 앞뒤로 살짝 굽는다.

3 뱅어포 한쪽 면에 양념을 바른다.

4 팬에 오일을 두르지 않고 뱅어포를 넣어
앞뒤로 구운 후 한입크기로 자른다.

✳ 건새우볶음

재료

건새우 100g, 오일 1큰술, 참기름 ½큰술,
후추 약간

양념 재료

고추장 1큰술, 고추기름 2큰술, 다진 마늘 ⅓큰술,
간장 ½큰술, 설탕 1큰술, 물엿 2큰술, 맛술 1큰술,
통깨 ½큰술

●●● **만드는 방법**

1 오일을 두른 팬에 건새우를 넣고 약불에서
볶는디.

2 다른 팬에 양념 재료를 넣고 한소끔 끓인
다.

3 2의 불을 끄고 건새우를 넣어 재빨리 버무
리듯 볶는다.

4 후추, 참기름으로 나머지 간을 한다.

✳ 어묵볶음

재료

어묵 200g, 양파 ½개, 실파 3대, 오일 1큰술,
참기름 1작은술, 다진 마늘 1큰술,
소금 · 후추 · 통깨 약간씩

양념 재료

고추장 1큰술, 고춧가루 ½큰술, 간장 ½큰술,
설탕 1큰술, 물엿 2큰술

●●● **만드는 방법**

1 어묵은 한입크기로 자르고, 양파는 채 썰
기, 실파는 2cm 길이로 썬다.

2 양념 재료를 섞어둔다.

3 오일을 두른 팬에 다진 마늘을 볶아 향을
낸 후 어묵과 양파를 넣고 볶는다.

4 3에 섞어둔 양념 재료를 넣고 볶다가 통
깨, 소금, 후추, 참기름으로 나머지 간을
한 뒤 실파를 뿌려낸다.

조랭이떡볶음

재료

조랭이떡 200g, 오징어 1마리, 양파 ½개,
깻잎 5장, 대파 1대, 오일 1큰술, 참기름 1작은술,
다진 마늘 1큰술, 소금·후추·통깨 약간씩

양념 재료

고추장 1큰술, 고춧가루 1큰술, 간장 1큰술,
물엿 2큰술

●●● 만드는 방법

1 오징어는 칼집을 내어 한입크기로 자르고,
   양파와 깻잎은 채 썰고 대파는 어슷 썬다.

2 분량의 양념 재료를 섞어둔다.

3 오일을 두른 팬에 오징어를 볶다가 조랭이
   떡과 양파를 넣는다.

4 3에 섞어둔 양념 재료를 넣고 볶다가 통
   깨, 소금, 후추, 참기름으로 나머지 간을
   하고 깻잎을 넣어 마무리한다.

미역줄기볶음

재료

염장 미역줄기 200g, 양파 ¼개, 고춧가루 2큰술,
다진 마늘 1큰술, 오일 2큰술, 맛술 1큰술, 설탕 1큰
술, 참기름 ½큰술, 통깨·후추 약간씩

●●● 만드는 방법

1 미역줄기는 20~30분간 물에 담가 짠기를
   제거한 후 7~8cm 길이로 자른다.

2 양파는 채 썬다.

3 오일을 두른 팬에 다진 마늘을 볶아 향을
   낸 후 미역줄기와 양파를 넣고 볶는다.

4 고춧가루, 맛술, 설탕, 후추로 간을 한 후
   참기름과 통깨를 넣고 마무리한다.

순대볶음

재료

순대 200g, 양배추 3장, 당근 ¼개, 양파 ½개,
깻잎 5장, 고춧가루 2큰술, 다진 마늘 1큰술,
오일 1큰술, 설탕 1큰술, 맛술 1큰술, 참기름 ½큰술,
통깨 · 소금 · 후추 약간씩

● ● ● **만드는 방법**

1 순대를 한입크기로 자르고, 양배추, 당근,
양파, 깻잎은 도톰하게 채 썬다.

2 오일을 두른 팬에 다진 마늘을 볶아 향을
낸 후 순대를 넣고 볶는다.

3 고춧가루, 맛술, 설탕, 통깨를 넣고 볶다가
당근, 양파, 양배추를 넣는다.

4 참기름, 소금, 후추로 나머지 간을 하고 깻
잎을 넣어 마무리한다.

고추장볶음

재료

고추장 1컵, 다진 쇠고기 100g(또는 다진 견과류
한줌 또는 참치캔 작은 것 1개), 설탕 1큰술,
물엿 1큰술, 다진 마늘 2큰술, 오일 1큰술,
참기름 1큰술, 물 3큰술, 통깨 · 후추 약간

● ● ● **만드는 방법**

1 오일을 두른 팬에 다진 마늘을 볶아 향을
내다가 다진 쇠고기(또는 견과류 또는 캔
참치)를 넣고 볶는다.

2 고추장과 물, 물엿, 설탕을 넣고 약불에서
은근히 볶는다.

3 통깨, 후추, 참기름을 넣고 마무리한다.

오징어볶음

재료

오징어 1마리, 양파 ½개, 청양고추 · 홍고추 각 1개씩, 대파 1대, 오일 1큰술,
다진 마늘 1큰술, 참기름 1큰술, 후추 · 통깨 약간씩

양념 재료

고추장 2큰술, 고춧가루 1작은술, 물 2큰술, 간장 ½큰술, 설탕 1큰술, 물엿 1큰술

● ● ● **만드는 방법**

1 오징어는 칼집을 내어 한입크기로 썰고, 양파는 채 썰기, 청양고추, 홍고추, 대파는 어슷 썰
기를 한다.

2 양념 재료는 미리 섞어둔다.

3 오일을 두른 팬에 다진 마늘을 볶아 향을 낸 후 오징어를 넣고 볶는다.

4 양념 재료를 넣고 볶다가 양파, 청양고추, 홍고추를 넣는다.

5 후추, 참기름으로 나머지 간을 하고 어슷썬 대파와 통깨를 넣어 마무리한다.

낙지볶음

재료

낙지 2마리, 양파 ½개, 청양고추 1개, 오일 1큰술, 다진 마늘 1큰술, 대파 1대, 참기름 ½큰술, 후추 · 통깨 약간씩

양념 재료

고추장 1큰술, 고춧가루 2큰술, 맛술 1큰술, 간장 ½큰술, 설탕 1큰술, 물엿 1큰술

●●● 만드는 방법

1 낙지는 깨끗이 손질한 후 알맞은 길이로 자르고 양파와 청양고추는 채 썰고 대파는 어슷 썬다.

2 분량의 양념 재료를 섞어둔다.

3 오일을 두른 팬에 다진 마늘을 볶아 향을 내다가 낙지, 양파, 청양고추를 넣고 볶는다.

4 섞어둔 양념을 넣고 볶다가 통깨, 후추, 참기름으로 나머지 간을 한다.

5 대파를 넣고 마무리한다.

홍합볶음

재료

홍합 200g, 양파 ½개, 홍고추 1개, 오일 1큰술, 다진 마늘 1큰술, 대파 1대, 맛술 2큰술,
후추 · 통깨 약간씩

양념 재료

고추장 2작은술, 고춧가루 2큰술, 고추기름 2큰술, 설탕 1큰술, 물엿 2큰술

●●● 만드는 방법

1 홍합은 수염을 잘 손질하여 깨끗이 씻고, 양파는 채 썰고, 홍고추와 대파는 링 모양으로 썬
다.

2 분량의 양념 재료를 섞어둔다.

3 오일을 두른 팬에 다진 마늘을 볶아 향을 낸 후, 홍합과 맛술을 넣고 볶다가 뚜껑을 닫고
5분간 약불에서 끓인다.

4 섞어둔 양념과 양파, 홍고추를 넣고 국물이 없어질 때까지 볶는다.

5 통깨, 후추로 나머지 간을 하고 대파를 넣어 마무리한다.

해물볶음

재료

새우(中) 10마리, 홍합 2줌, 오징어 ½마리, 콩나물 100g, 고추기름 1큰술, 다진 마늘 1큰술, 후추 약간

양념 재료

맛술 1큰술, 고춧가루 2큰술, 고추장 1큰술, 설탕 1큰술, 물엿 1큰술, 물 ¼컵

●●● 만드는 방법

1 새우와 홍합은 깨끗이 손질하고, 오징어는 칼집을 내어 한입크기로 자른다. 대파는 어슷 썬다.

2 분량의 양념 재료를 섞어둔다.

3 고추기름을 두른 팬에 다진 마늘을 볶아 향을 낸 후, 홍합, 새우, 오징어 순으로 넣고 볶는다.

4 섞어둔 양념을 넣고 콩나물과 대파를 넣어 강불에서 재빨리 볶는다.

5 후추로 나머지 간을 한다.

닭갈비

재료

닭다리살 3쪽, 양배추 3장, 양파 ⅓개, 고구마 1개, 깻잎 5장, 떡볶이떡 100g, 오일 1큰술,
대파 1대, 청양고추 · 홍고추 각 1개씩

양념 재료

양파 간 것 3큰술, 고춧가루 2큰술, 고추장 1큰술, 간장 2큰술, 맛술 1큰술, 설탕 1큰술,
물엿 1큰술, 다진 마늘 2큰술, 참기름 ⅓큰술, 카레가루 1큰술, 후추 약간

●●● 만드는 방법

1 닭다리살은 한입크기로 자르고, 양배추와 양파, 깻잎은 굵직하게 채 썰고, 고구마는 편으로
써다. 대파와 청양고추, 홍고추는 어슷 썬다.

2 분량의 양념 재료를 섞어둔다.

3 섞어둔 양념에 닭고기를 넣고 버무려 20분간 둔다.

4 팬에 오일을 두르고 닭고기를 먼저 볶은 후 깻잎을 제외한 채소와 떡을 넣고 볶는다.

5 깻잎을 넣고 마무리한다.

돼지고기볶음

재료

돼지고기 목살 300g, 양파 ½개, 당근 ¼개, 양배추 3장, 오일 1큰술, 대파 1대,
청양고추 · 홍고추 각 1개씩

양념 재료

고춧가루 2큰술, 고추장 1큰술, 간장 1큰술, 맛술 1큰술, 설탕 1큰술, 물엿 1큰술, 다진 마늘 2큰술,
참기름 1큰술, 후추 약간

●●● 만드는 방법

1 돼지고기 목살은 얇게 한입크기로 자르고 양파와 양배추는 굵직하게 채 썬다. 당근은 편 썰
기, 대파, 청양고추, 홍고추는 어슷 썬다.

2 분량의 양념 재료를 섞어둔다.

3 섞어둔 양념에 돼지고기를 넣고 버무려 20분간 둔다.

4 팬에 오일을 두르고 돼지고기를 볶은 후 나머지 재료를 넣고 볶는다.

오징어돼지고기볶음

재료

오징어 1마리, 돼지고기 삼겹살 200g, 양파 ½개, 오일 1큰술, 대파 1대, 청양고추·홍고추 각 1개씩

양념 재료

양파 간 것 3큰술, 고춧가루 2큰술, 고추장 1큰술, 간장 2큰술, 맛술 1큰술, 설탕 1큰술, 물엿 2큰술,
다진 마늘 2큰술, 참기름 ½큰술, 후추 약간

●●● 만드는 방법

1 오징어는 칼집을 내어 한입크기로 자른다. 돼지고기는 한입크기로 자르고, 양파는 채 썰고,
대파, 청양고추, 홍고추는 어슷 썬다.

2 분량의 양념 재료를 섞어둔다.

3 오징어와 돼지고기를 섞어둔 양념을 넣고 버무려 20분간 둔다.

4 팬에 오일을 두르고 오징어와 돼지고기를 먼저 볶다가 나머지 재료를 넣고 볶는다.

김치볶음

재료

배추김치 ¼포기, 물 ½컵, 양파 ½개,
들기름 3큰술, 고춧가루 1큰술, 설탕 2큰술,
쪽파 4대, 통깨 · 후추 약간

● ● ● **만드는 방법**

1 배추김치는 속을 턴 뒤 흐르는 물에 가볍게 씻어 한입크기로 자르고 양파는 채 썬다.

2 물과 김치, 들기름을 넣고 끓인다.

3 끓기 시작하면 약불로 줄여 뚜껑을 닫은 채 은근히 익힌다.

4 물이 반으로 줄면 양파를 넣고 고춧가루, 설탕, 후추로 간을 하여 강불에서 재빨리 볶는다.

5 통깨와 2cm 길이로 썬 쪽파를 뿌려낸다.

T I P

다진 쇠고기, 참치통조림 등을 첨가하면 맛이 더욱 풍부해진다.

총각김치볶음

재료

총각김치 5개, 물 ½컵, 양파 ½개, 들기름 3큰술,
고춧가루 ½큰술, 설탕 2큰술, 쪽파 4대, 통깨 · 후추 약간

● ● ● **만드는 방법**

1 총각김치는 도톰하게 편 썰고 양파는 채 썬다.

2 물과 김치, 들기름을 넣고 끓이다가, 끓기 시작하면 뚜껑을 닫고 약불로 줄여 은근히 익힌다.

3 물이 반으로 줄면 양파를 넣고 고춧가루, 설탕, 후추로 간을 하여 강불에서 재빨리 볶는다.

5 통깨와 2cm 길이로 썬 쪽파를 뿌려낸다.

요령 6

어느 재료라도 쉽게 만드는
조림의 요령

조림 맛내기의 포인트

같은 용량의 냄비라도 바닥이 좁고 깊이가 있는 냄비는 적당하지 않다.
아래위로 재료가 겹쳐 있으면 간이 골고루 배지 않고,
자꾸 뒤적이게 되어 부서질 염려가 있기 때문이다.

재료가 거의 익었을 때 국물을 재료
표면에 끼얹으면 윤기가 돌고
먹음직스럽게 조려진다.

재료를 볶거나 양념장을 넣을 때는 강불에서 시작하여
한소끔 끓어오르면, 뚜껑을 닫고 약불로 익힌다.
국물이 거의 잦아들고 간이 다 밴 것 같으면 뚜껑을
다시 열어 강불에서 재빨리 뒤적여서
수분을 날려 보내야 윤기와 색이 살아난다.
냄비에 재료를 놓고 물을 부었을 때 재료 윗면이
잠길듯 말듯 한 정도로 물의 양을 맞추는 것이 좋다.

생선 조림을 할 때 무나 배추와 같은 야채를 도톰히 깔아주면
생선이 눌러 붙는 것을 막을 수 있다.

두툼한 재료일 경우는 칼집을 몇 번 내줘서 양념이 골고루 밸 수 있게 한다.

조림 만드는 기본 방법

1 재료를 알맞은 크기로 잘라, 넓적한 팬에서 오일을 두르고 볶는다.

2 재료가 70% 정도 익었을 때 양념장을 붓는다.

3 한소끔 끓어오르면 뚜껑을 닫고 약불에서 졸인다.

4 국물이 어느 정도 줄어들면 뚜껑을 열고 강불에서 국물을 끼얹어가며 졸인다.

5 푸른 채소를 곁들여 마무리한다.

✳ 감자조림

●●● 만드는 방법

1 감자는 한입크기로 자르고 양념 재료는 섞어둔다.

2 오일을 두른 팬에 감자를 넣고 볶는다.

3 감자가 어느 정도 익으면 섞어둔 양념장과 물을 붓는다.

4 색이 고르게 나도록 볶은 후 통깨를 뿌려낸다.

재료
감자(中) 2개, 오일 1큰술, 물 ¼컵, 통깨 약간

양념 재료 간장 2큰술, 물엿 1큰술, 물 3큰술,
참기름 ½큰술, 다진 마늘 ½큰술, 소금·후추 약간씩

✳ 알감자조림

●●● 만드는 방법

1 알감자는 껍질째로 깨끗이 씻어 준비하고 양념 재료는 섞어둔다.

2 오일을 두른 팬에 알감자를 넣고 볶는다.

3 감자가 어느 정도 익으면 양념장과 물을 붓는다.

4 색이 잘나도록 볶은 후 통깨와 쪽파를 뿌려낸다.

재료
알감자 20알, 오일 1큰술, 물 ¼컵, 통깨·다진 쪽파 약간

양념 재료 간장 3큰술, 물엿 2큰술, 물 3큰술, 참기름 1큰술,
소금·후추 약간씩

고구마조림

재료
고구마(中) 2개, 오일 1큰술, 물 ¼컵, 통깨 약간

양념 재료 간장 2큰술, 물엿 2큰술, 물 3큰술,
참기름 1큰술, 소금 · 후추 약간씩

● ● ● **만드는 방법**

1 고구마는 껍질째 깨끗이 손질하여 한입크기로
깍뚝 썰고, 양념 재료는 섞어둔다.

2 오일을 두른 팬에 고구마를 넣고 볶는다.

3 고구마가 어느 정도 익으면 양념장과 물을 붓는
다.

4 색이 고르게 나도록 볶은 후 통깨를 뿌려낸다.

쇠고기장조림

재료
쇠고기 200g, 삶은 달걀 3개, 물 1.5컵, 청양고추 1개,
생강 1톨, 대파 1대, 마늘 5쪽

양념 재료 진간장 4큰술, 설탕 2큰술, 맛술 1큰술, 후추 약간

● ● ● **만드는 방법**

1 쇠고기는 찬물에 담가 핏물을 뺀 후 4~5등분한
다.

2 분량의 물에 쇠고기를 넣고 고추, 생강, 대파, 마
늘은 통으로 넣어 끓인다.

3 한소끔 끓으면 양념 재료와 삶은 달걀을 넣고
숟가락으로 국물을 떠서 뿌려주며 색이 나도록
졸인다.

4 국물이 자작해지면, 불을 끄고 고기는 식으면 잘
게 찢는다.

달걀조림

재료
삶은 달걀 5개, 물 1컵, 청양고추 1개, 대파 1대, 마늘 5쪽, 참기름 ½큰술

양념 재료
간장 4큰술, 물엿 1큰술, 설탕 1큰술, 맛술 1큰술, 후추 약간

●●● **만드는 방법**

1 삶은 달걀은 껍질을 벗기고, 마늘은 편 썰고, 청양고추와 대파는 어슷 썬다.

2 분량의 물에 양념 재료와 청양고추, 대파, 마늘을 넣고 한소끔 끓인다.

3 삶은 달걀을 넣고 국물을 끼얹으며 색이 나도록 졸인다.

4 국물이 자작해지면, 참기름을 넣고 마무리 한다.

메추리알조림

재료
삶은 메추리알 30알, 물 1컵, 청양고추 1개, 대파 1대, 마늘 5쪽, 참기름 ½큰술

양념 재료
간장 4큰술, 물엿 2큰술, 설탕 1큰술, 맛술 1큰술, 후추 약간

●●● **만드는 방법**

1 삶은 메추리알은 껍질을 제거해두고 마늘은 편 썰고, 청양고추와 대파는 어슷 썬다.

2 분량의 물에 양념 재료와 청양고추, 대파, 마늘을 넣고 한소끔 끓인다.

3 삶은 메추리알을 넣고 국물을 끼얹으며 색이 나도록 졸인다.

4 국물이 자작해지면, 참기름을 넣고 마무리 한다.

연근조림

재료
연근(中) 1개, 오일 2큰술,
참기름 · 통깨 · 식초 약간씩

양념 재료
오일 1큰술, 물 1컵, 간장 4큰술, 맛술 1큰술,
물엿 4큰술, 후추 약간

●●● 만드는 방법

1 연근은 껍질을 벗기고 0.7cm 두께로 썰어
식초물에 살짝 데친다.

2 분량의 양념 재료들을 섞어둔다.

3 연근을 냄비에 넣고 오일에 살짝 볶는다.
섞어둔 양념을 넣고 강불에서 한소끔 끓인
다음, 약불로 줄여 색이 나도록 졸인다.

4 국물이 자작해지면, 불을 끄고 통깨와 참
기름으로 마무리한다.

우엉조림

재료
우엉 200g, 오일 2큰술,
식초 · 참기름 · 통깨 약간씩

양념 재료
오일 1큰술, 물 1컵, 진간장 4큰술, 맛술 1큰술,
물엿 4큰술, 후추 약간

●●● 만드는 방법

1 우엉은 껍질을 벗겨 얇게 채 썬 후 식초물
에 10분간 담근 후 물기를 제거한다.

2 분량의 양념 재료들을 섞어두다.

3 우엉을 냄비에 넣고 오일에 살짝 볶아준
다.

4 섞어둔 양념을 넣고 강불에서 한소끔 끓인
다음, 약불로 줄여 색이 나도록 졸인다.

5 국물이 자작해지면, 불을 끄고 통깨와 참
기름으로 마무리한다.

단호박조림

재료
단호박 ¼개, 오일 2큰술, 다진 마늘 1큰술,
참기름 · 통깨 약간씩

양념 재료
물 ½컵, 간장 2큰술, 맛술 1큰술, 물엿 2큰술,
후추 약간

● ● ● **만드는 방법**

1 단호박 씨를 제거하고 껍질째 0.3cm 두께
로 편 썬다.

2 분량의 양념 재료들을 섞어둔다.

3 오일을 두른 팬에 다진 마늘을 볶다가 단
호박을 넣고 볶는다.

4 단호박이 어느 정도 익으면 양념을 넣고
색이 나도록 졸인다.

5 국물이 자작해지면 불을 끄고 통깨와 참기
름으로 마무리한다.

버섯조림

재료
양송이버섯 5개, 표고버섯 3개, 새송이버섯 2개,
오일 1큰술, 다진 마늘 1큰술, 다진 쪽파 · 참기름 ·
통깨 약간씩

양념 재료
간장 2큰술, 맛술 2큰술, 물엿 1큰술, 후추 약간

● ● ● **만드는 방법**

1 양송이버섯, 표고버섯, 새송이버섯은 도톰
하게 편 썬다.

2 오일을 두른 팬에 다진 마늘을 볶다가 버
섯류를 넣고 볶는다.

3 양념 재료를 넣고 색이 나도록 졸인다.

4 다진 쪽파와 통깨, 참기름으로 마무리한
다.

땅콩조림

●●● **만드는 방법**

1 분량의 양념 재료들을 섞어둔다.

2 양념을 넣고 끓인 후 땅콩을 넣는다.

3 강불에서 색이 나도록 졸인다.

4 국물이 자작해지면 불을 끄고 통깨와 참기름으로 마무리한다.

재료
땅콩 2컵, 참기름 · 통깨 약간씩

양념 재료 물 ⅓컵, 간장 3큰술, 맛술 1큰술,
물엿 2큰술, 설탕 1큰술, 후추 약간

마늘조림

●●● **만드는 방법**

1 마늘은 비닐에 넣어 전자레인지에서 30초 정도 돌린다.

2 분량의 양념 재료들을 섞어둔다.

3 오일을 두른 팬에 마늘을 넣고 가볍게 볶다가 섞어둔 양념 재료를 넣고 졸인다.

4 강불에서 색이 나도록 조린 후 국물이 자작해지면 불을 끄고 통깨와 참기름으로 마무리한다.

재료
마늘 2컵, 오일 1큰술, 참기름 · 통깨 약간씩

양념 재료 간장 2큰술, 맛술 1큰술, 물엿 2큰술,
설탕 1큰술, 후추 약간

연어조림

재료
연어 2조각, 마늘 10개, 전분가루 약간, 어린잎 한 줌, 식용유 ½컵, 물전분 · 소금 · 후추 약간씩

양념 재료
물 3큰술, 간장 1큰술, 설탕 1큰술, 맛술 1큰술,

●●● 만드는 방법

1 연어는 소금과 후추로 간을 하여 깍뚝 썰기 한다.

2 연어와 마늘은 전분가루에 무친다.

3 오일에 마늘을 먼저 노릇하게 튀기고 연어도 노릇하게 튀겨낸다.

4 양념 재료를 섞어 한소끔 끓인 후 물전분으로 농도를 낸다.

5 연어, 마늘, 어린잎을 가볍게 버무려낸 뒤 소금과 후추로 간을 한다.

T I P
물전분이란 물과 전분가루를 1:1의 비율로 섞어 놓은 것을 말한다.

고등어조림

재료
염장된 고등어 3조각, 통깨 · 다진 파 약간씩, 물 ½컵

양념 재료
간장 2큰술, 맛술 1큰술, 설탕 1작은술, 다진 마늘 ½큰술, 다진 파 ½큰술 고춧가루 · 통깨 · 후추 약간씩

●●● 만드는 방법

1 분량의 양념 재료들을 섞어둔다.

2 냄비에 고등어를 넣고 양념 재료를 올린 후 가장자리 쪽으로 물을 붓는다.

3 강불에서 시작하여 끓기 시작하면 약불로 줄여 뚜껑을 닫고 졸인다.

4 국물이 자작해지면 불을 끄고 통깨와 다진 파로 마무리한다.

✳ 깻잎조림

재료
깻잎 30장~40장, 통깨 약간

양념 재료
간장 2큰술, 설탕 2작은술, 고춧가루 1큰술,
다진 마늘 · 다진 파 1큰술씩, 참기름 약간, 물 ¼컵

●●● 만드는 방법

1 깻잎은 깨끗이 씻어 물기를 제거해둔다.

2 양념 재료를 섞어둔다.

3 깻잎 5장마다 양념장을 바른 후 냄비에
넣고 약불에서 뚜껑을 닫은 재 5분긴 졸
인다.

4 통깨를 뿌려낸다.

✳ 매운 감자조림

재료
감자(中) 2개, 오일 1큰술, 통깨 약간

양념 재료 고추장 1큰술, 고춧가루 ⅓큰술, 간장 1큰술,
물엿 1큰술, 설탕 1큰술, 물 5큰술, 참기름 1큰술,
다진 마늘 1큰술, 후추 약간

●●● 만드는 방법

1 감자는 한입크기로 자르고 양념 재료는 섞
어둔다.

2 오일을 두른 팬에 감자를 넣고 볶는다.

3 섞이둔 양념장을 넣고 쇄이 나도록 약불에
서 졸인다.

4 통깨를 뿌려낸다.

매운 고구마조림

재료
고구마(中) 2개, 오일 1큰술, 통깨 약간

양념 재료 고추장 1큰술, 고춧가루 ½큰술, 간장 1큰술, 물엿 1큰술, 설탕 1큰술, 물 5큰술, 참기름 1큰술, 다진 마늘 1큰술, 소금·후추 약간씩

● ● ● 만드는 방법

1 고구마는 껍질째로 한입크기로 자르고 양념 재료는 섞어둔다.

2 오일을 두른 팬에 고구마를 볶는다.

3 섞어둔 양념장을 넣고 약불에서 볶는다.

4 국물이 자작해지면 통깨를 뿌려낸다.

묵은지고등어조림

재료
총각김치 2컵, 고등어 1마리, 들기름 3큰술, 김치 국물 ¼컵, 물 ½컵, 청양고추 2개, 통깨 약간

양념 재료 고춧가루 1큰술, 간장 ⅓큰술, 설탕 1작은술, 다진 마늘 1큰술, 맛술 1큰술, 소금·후추 약간씩

● ● ● 만드는 방법

1 고등어는 3토막으로 자르고 청양고추는 어슷 썬다.

2 냄비에 총각김치를 깔고 고등어와 청양고추를 올린다.

3 김치 국물, 물, 들기름을 넣고 강불에서 끓인다. 끓기 시작하면 약불로 줄인다.

4 양념 재료를 섞어 고등어 위에 얹고 뚜껑을 연 채 국물이 자작하도록 조린다. 통깨를 뿌려낸다.

☀ 꽁치조림

재료
묵은지 ¼포기, 꽁치 2마리, 들기름 3큰술,
김치 국물 ½컵, 물 ½컵, 청양고추 2개, 통깨 약간

양념 재료 고춧가루 1큰술, 간장 ½큰술, 설탕 1큰술,
다진 마늘 1큰술, 맛술 1큰술, 소금 · 후추 약간씩

● ● ● **만드는 방법**

1 김치는 소를 가볍게 털고 꽁치는 세 토막을 내고 청양고추는 어슷 썬다.

2 냄비에 김치를 깔고 그 위에 꽁치와 청양고추를 올린다.

3 김치 국물, 물, 들기름을 넣고 강불에 끓인다. 끓기 시작하면 약불로 줄인다.

4 양념 재료를 섞어 꽁치 위에 얹고 뚜껑을 연 채 국물이 자작하도록 조린다. 통깨를 뿌려낸다.

☀ 갈치조림

재료
갈치 2조각, 무 1토막(200g), 물 ⅓컵

양념 재료 고추장 ½큰술, 고춧가루 1큰술, 간장 1큰술,
설탕 ½큰술, 다진 마늘 1큰술, 맛술 1큰술,
소금 · 후추 약간씩

● ● ● **만드는 방법**

1 무는 도톰하게 나박 썰고 양념 재료는 섞어둔다.

2 냄비에 무를 깔고 갈치를 올린 뒤 양념장을 얹는다.

3 물을 가장자리 쪽으로 붓고 뚜껑을 닫은 다음 강불에서 졸이다가, 끓기 시작하면 약불로 줄여 국물이 자작하도록 졸인다.

요령 7

먹기 직전 조물조물,
무침의 요령

무침 맛내기의 포인트

• 무침 요리는 생으로 무치는 방법, 소금에 절여 무치는 방법, 데쳐서 무치는 방법이 있다. 이 모두 먹기 직전에 조물조물 무쳐야 한다는 점이 포인트이다. 미리 무쳐 놓으면 재료에서 수분이 빠져나와 맛이 밍밍해지게 된다.

• 데쳐서 무치는 경우는 데치는 정도가 알맞아야 식감을 살릴 수 있다.

• 재료의 물기를 완전히 제거한 후 무치는 것이 좋다. 하지만 나물의 경우는 무조건 100% 물기를 제거한다고 좋은 것은 아니다. 수분이 너무 없으면 뻣뻣하고 간도 잘 배지 않기 때문이다. 80% 정도만 물기를 제거한다고 생각하고 물기를 짠다.

• 콩나물, 숙주나물, 가지와 같은 채소는 데친 후 채반에 놓고 자연스럽게 물기를 제거한 후 무치면 되고, 오이와 같이 수분이 많은 채소는 손으로 꽉 짜주는 등 재료마다 수분 제거 정도는 다르다.

찬물에 넣고 데치는 경우 & 끓는 물에 넣고 데치는 경우

• 땅 속 채소는 찬물에 넣어 데치고, 땅 위 채소는 끓는 물에 넣고 데친다고 생각하면 간편하다. 이를 테면, 무, 당근, 우엉, 연근과 같은 뿌리채소는 처음부터 물에 넣고 데쳐야 부드러워지면서 단맛이 나고, 시금치, 양배추, 배추, 브로콜리 등은 끓는 물에 넣고 데쳐야 영양 손실도 적고 색상도 선명하다.

• 단, 단호박과 옥수수는 예외! 찬물에 넣고 데쳐야만 단맛이 살아난다.

양념을 플러스 시키는 양념

① **매실청** 매실을 숙성시켜 만든 것으로 설탕이나 물엿 대신 사용하면 감칠맛과 산뜻한 맛을 낼 수 있다.

② **피쉬 소스** 동남아 액젓 소스로 멸치액젓이나 까나리 액젓 대용으로 사용하면 좋다.

③ **레몬즙** 식초의 양을 줄이고 레몬즙을 넣어주면 더욱 산뜻한 맛을 느낄 수 있다.

④ **연겨자 & 와사비** 튜브식의 숙성시켜놓은 연겨자와 와사비를 무침 양념에 조금만 첨가해도 맛이 업그레이드된다.

시금치무침

재료

시금치 1단, 다진 실파 2큰술, 다진 마늘 1작은술, 참기름 2큰술, 통깨 1작은술, 소금 약간

180

 만드는 방법

1 깨끗이 다듬어 절반으로 자른 시금치는
소금을 넣은 끓는 물에 살짝 데친다.

2 찬물에 헹궈 물기를 꼭 짠다.

3 소금, 통깨, 참기름, 다진 마늘, 다진 실파를 넣고
살살 털늣이 부친다.

시금치의 살캉거리는 맛이 좋으면 30초 정도
데치고 무르게 먹는 것이 좋으면 1분 정도 데친다.
너무 오래 데치게 되면 색깔도 변하고 맛도 덜하다.

✳ 오이지무침

재료
오이지 2개, 다진 파 2큰술, 다진 마늘 1작은술,
참기름 2큰술, 설탕 2작은술, 통깨 1작은술

●●● **만드는 방법**

1 오이지는 얇게 편 썰어 10~15분간 담가 짠기를
제거한다.

2 물기를 짠 후 분량의 다진 마늘, 다진 파, 참기
름, 설탕, 통깨를 넣고 무친다.

ⓣⓘⓟ

오이지는 만드는 사람에 따라 염도가 다를 수 있으므
로, 물에 담가놓는 시간은 각기 다를 수 있다. 물에 너
무 오래 담가놓아 짠기를 완전히 제거하면 오히려 맛
이 없으므로 10분에서 15분 사이에 간을 보고 적당한
시기에 건져 내야 한다.

✳ 콩나물무침

재료
콩나물 1봉지, 다진 파 2큰술, 다진 마늘 1작은술,
참기름 2큰술, 설탕 1작은술, 통깨 1작은술, 소금 약간

●●● **만드는 방법**

1 콩나물은 깨끗이 다듬어 소금을 약간 넣은 물에 뚜
껑을 닫은 채로 삶는다.

2 김이 나고 콩나물 냄새가 나면 바로 불을 끄고 1분간
뜸을 들인 후 채반에 올려 물기를 제거한다.

3 콩나물이 식으면 다진 파, 다진 마늘, 참기름, 설탕,
통깨, 소금으로 무친다.

ⓣⓘⓟ

콩나물을 너무 많이 데치면 가늘고 질겨진다.

숙주무침

재료

숙주 1봉지, 다진 파 2큰술, 다진 마늘 1작은술,
참기름 2큰술, 설탕 1작은술, 통깨 1작은술,
소금 약간

●●● 만드는 방법

1 숙주를 깨끗이 다듬은 후 소금을 넣은 끓
는 물에 살짝 데친다.

2 채반에 올려 물기를 제거한다.

3 식은 숙주에 다진 파, 다진 마늘, 참기름,
설탕, 통깨, 소금을 넣고 무친다.

비름나물무침

재료

비름나물 100g, 다진 파 2큰술, 다진 마늘 1작은술,
들기름 1큰술, 참기름 1큰술, 설탕 1작은술,
통깨 1작은술, 소금 약간

●●● 만드는 방법

1 비름나물은 깨끗이 손질해 소금을 넣은 끓
는 물에 데친다.

2 3분 후 건져내어 찬물에 씻은 후 물기를
꼭 짠다.

3 다진 파, 다진 마늘, 들기름, 참기름, 설탕,
통깨, 소금으로 무친다.

TIP

비름나물은 찬물에 헹굴 때 거품이 많이 나온
다. 많이 헹구면 흐늘흐늘해져 식감이 떨어지므
로, 1~2번 정도 헹구는 게 적당하다.

양배추무침

재료

양배추 6장, 빨강 · 노랑 파프리카 ¼개씩, 양파 ¼개, 청양고추 1개, 소금 · 후추 약간씩

양념 재료

식초 2큰술, 설탕 1큰술, 다진 마늘 1작은술, 참기름 1큰술, 통깨 1작은술

●●● 만드는 방법

1 양배추, 파프리카, 양파는 모두 곱게 채 썰고, 청양고추는 링 모양으로 썬다.

2 양념 재료를 섞어둔다.

3 양배추, 파프리카, 양파, 청양 고추에 섞어둔 양념장을 넣어 무친 후 소금, 후추로 나머지 간을 한다.

미역초무침

재료

불린 미역 100g, 오징어 1마리, 양파 ¼개, 청양고추 · 홍고추 각 1개씩, 소금 · 후추 약간씩

양념 재료

식초 2큰술, 설탕 1큰술, 다진 마늘 1작은술, 참기름 1큰술, 통깨 1작은술

●●● 만드는 방법

1 불린 미역은 한입 길이로 자르고 오징어는 얇게 링 썰어 데쳐 놓는다.

2 양파는 곱게 채 썰고 청양고추와 홍고추는 링 모양으로 썬다.

3 분량의 양념 재료를 섞어둔다.

4 미역, 오징어, 양파, 청양고추, 홍고추에 섞어둔 양념장을 넣고 무친 후 소금, 후추로 나머지 간을 한다.

파래무침

●●● 만드는 방법

1 파래는 2~3번 씻어 물기를 제거한 후 한입 길이로 자르고 무는 곱게 채 썰어 소금에 살짝 절인 후 물기를 짠다.

2 청양고추와 홍고추는 링 모양으로 썬다.

3 분량의 양념 재료를 섞는다.

4 파래, 무, 청양고추, 홍고추에 섞어둔 양념장을 넣고 무친 후 소금, 후추로 나머지 간을 한다.

재료
파래 100g, 무 100g, 청양고추 · 홍고추 각 1개씩
소금 · 후추 약간씩

양념 재료 식초 3큰술, 설탕 2큰술, 다진 마늘 1작은술,
참기름 1큰술, 통깨 1작은술

날치알해초무침

●●● 만드는 방법

1 해초는 채반에 올려 물기를 제거한다.

2 날치알, 해초, 참기름, 통깨를 넣고 가볍게 무쳐낸다.

재료
날치알 5큰술, 시판용 해초 200g, 참기름 1큰술, 통깨 약간

청포묵무침

재료
청포묵 ½모, 김 1장, 참기름 2큰술,
소금 · 통깨 약간씩

● ● ● 만드는 방법

1 청포묵은 한입크기로 자른다.

2 김은 불에 살짝 구운 후 가위로 잘게 자른
다.

3 청포묵, 김, 참기름, 소금, 통깨를 넣고 가
볍게 무친다.

브로콜리연어무침

재료
브로콜리 ½송이, 훈제연어 5장,
노랑 · 주황 파프리카 · 양파 각 ¼개,
소금 · 후추 약간씩

양념 재료
오일 2큰술, 식초 2큰술, 설탕 1큰술,
다진 마늘 1작은술, 참기름 1큰술, 통깨 1작은술

● ● ● 만드는 방법

1 브로콜리는 송이송이 떼어 소금을 넣은 끓
는 물에 살짝 데쳐 준비하고, 훈제연어는
한입크기로 자른다.

2 파프리카와 양파는 곱게 채 썬다.

3 양념 재료를 섞어둔다.

4 브로콜리, 연어, 파프리카, 양파에 섞어둔
양념장을 넣고 가볍게 무쳐낸 후 소금과
후추로 나머지 간을 한다.

두부야채무침

재료
생식 두부(小) 1모, 빨강 · **초록** · 노랑
파프리카 각 ½개씩, 양배추 2장,
소금 · 후추 · 연겨자 약간씩

양념 재료
오일 2큰술, 식초 2큰술, 설탕 1큰술,
다진 마늘 1작은술, 참기름 1큰술, 통깨 1작은술.

●●● 만드는 방법

1 두부는 한입크기로 자르고, 파프리카와 양
배추는 곱게 채 썬다.

2 양념 재료를 섞어둔다.

3 두부, 파프리카, 양배추에 섞어둔 양념장
을 넣고 가볍게 무쳐낸 후 소금과 후추, 연
겨자로 나머지 간을 한다.

🅣🅘🅟
일반 두부를 이용할 경우에는 한 번 데쳐서 사
용한다.

야채닭고기무침

재료
닭가슴살 2조각, 어린잎채소 2줌, 토마토 1개,
양파 ¼개, 맛술 1큰술, 소금 · 후추 약간씩

양념 재료
오일 2큰술, 레몬즙 2큰술, 식초 1큰술, 설탕 1큰술,
다진 마늘 1작은술, 참기름 ½큰술, 통깨 1작은술.

●●● 만드는 방법

1 닭가슴살은 맛술을 넣은 끓는 물에 삶는
다. 닭고기가 식으면 편으로 썰어 준비한
다.

2 토마토는 반달썰기하고, 양파는 곱게 채
썬다.

3 양념 재료를 섞어둔다.

4 닭가슴살, 토마토, 양파, 어린잎채소에 섞
어둔 양념장을 넣고 가볍게 무쳐낸 후 소
금과 후추로 나머지 간을 한다.

가지무침

 재료

가지 2개, 청량고추 1개, 풋고추 1개

양념 재료

간장 1큰술, 물 ½큰술, 맛술 1큰술, 참기름 1큰술, 고춧가루 1큰술, 다진 양파 2큰술, 다진 마늘 1작은술,
통깨 1작은술, 후추 약간

 만드는 방법

1 가지는 반으로 가른 후 가로로 3등분하여 8~10분간 찐다.

2 채반에 올려 적당히 찧고 물기를 제거한다.

3 청량고추와 풋고추는 곱게 다진다.

4 다진 고추류와 분량의 양념장을 섞어둔다.

5 가지에 양념을 넣고 가볍게 무치거나 가지 위에 양념장을 뿌려낸다.

가지는 식초 물에 씻으면 농약도 말끔히 씻겨나가고
가지 특유의 색인 안토시아닌 색소 손상을 막아서
더욱 색상이 선명해진다. 또한 찜통에 넣을 때 껍질 쪽이
아래로 가도록 넣어야 속이 물러지지 않는다.

꽈리고추무침

재료

꽈리고추 ½봉지, 밀가루 3큰술

양념 재료

간장 1큰술, 물 1큰술, 맛술 1큰술, 참기름 1큰술,
고춧가루 ½큰술, 다진 양파 2큰술, 통깨 1작은술,
후추 약간

● ● ● **만드는 방법**

1 꽈리고추는 이쑤시개로 5~6군데 찌른 후
물기 있는 상태에서 밀가루를 묻힌다.

2 면보 위에 넣고 10분간 찜기에서 찐다.

3 분량의 양념장을 섞어둔다.

4 꽈리고추에 섞어둔 양념장을 넣고 가볍게
무치거나, 꽈리고추 위에 양념장을 뿌려낸
다.

꼬막무침

재료

꼬막 500g

양념 재료

간장 1큰술, 물 1큰술, 맛술 1큰술,
참기름 1큰술, 고춧가루 ½큰술, 다진 파 2큰술,
통깨 1작은술, 후추 약간

● ● ● **만드는 방법**

1 꼬막은 박박 문질러 씻어서 맑은 물이 나
올 때까지 헹군 후 소금물에 넣어 20분간
해감시킨다.

2 10분간 물에 삶은 후 껍질을 벗긴다.

3 분량의 양념장을 섞어둔다.

4 꼬막 위에 양념장을 바르듯 얹는다.

T I P

꼬막을 삶을 때는 물의 양을 적게 잡아야 꼬막
의 맛이 살아난다. 꼬막을 냄비에 넣었을 때 냄
비의 절반 정도만 물을 붓도록 한다. 뚜껑을 닫
고 끓인 후 5분간 뚜껑을 닫은 채로 두면 꼬막
의 입이 열린다.

도토리묵무침

●●● 만드는 방법

1 도토리묵은 한입크기로 자르고, 김치는 잘게 썰고, 오이와 김은 채 썰어 준비한다.

2 분량의 양념장을 섞어둔다.

3 도토리묵, 김치, 오이에 양념장을 넣고 무친 후 김을 뿌려낸다.

재료
도토리묵 ½모, 김치 ⅛포기, 오이 ¼개, 김 1장

양념 재료 간장 1큰술, 참기름 1큰술, 맛술 1큰술, 설탕 2작은술, 다진 마늘 1작은술, 식초 1큰술, 통깨 · 후추 약간씩

김무침

●●● 만드는 방법

1 김은 가스 불에 가볍게 구운 후 비닐에 넣고 잘게 부순다.

2 분량의 양념장을 섞어둔다.

3 먹기 직전에 양념장을 넣고 가볍게 무쳐낸다.

재료 김 5장

양념 재료 간장 1큰술, 참기름 1큰술, 설탕 2작은술, 식초 1큰술, 통깨 · 소금 · 후추 약간씩

버섯무침

●●● 만드는 방법

1 느타리버섯은 하나씩 찢어 소금을 넣은 끓는 물에 가볍게 데쳐 물기를 제거하고, 양파와 홍고추는 채 썬다.

2 분량의 양념 재료를 섞어둔다.

3 느타리버섯, 양파, 홍고추에 섞어둔 양념장을 넣고 가볍게 무친다.

재료
느타리버섯 200g, 양파 ½개, 홍고추 ½개

양념 재료 간장 1큰술, 참기름 1큰술, 설탕 2작은술, 식초 1큰술, 통깨 · 소금 · 후추 약간씩

양배추무침

●●● 만드는 방법

1 양배추, 양파, 당근은 모두 곱게 채 썰고 쪽파는 3cm 길이로 자른다.

2 분량의 양념 재료를 섞어둔다.

3 양배추, 양파, 당근, 쪽파에 섞어둔 양념장을 넣고 가볍게 무쳐낸다.

재료
양배추 5장, 양파 ½개, 당근 ¼개, 쪽파 3대

양념 재료 간장 1큰술, 참기름 1큰술, 맛술 2작은술, 설탕 2작은술, 식초 1.5큰술, 통깨 · 소금 · 후추 약간씩

닭고기무침

● ● ● 만드는 방법

1 닭가슴살은 맛술을 넣은 끓는 물에 삶는다. 고기가 식으면 잘게 찢고, 양배추, 당근, 양파는 모두 채 썬다.

2 분량의 양념 재료를 섞어둔다,

3 닭가슴살, 양배추, 당근, 양파에 섞어둔 양념장을 넣고 가볍게 무친다.

재료
닭가슴살 200g, 양배추 4장, 당근 ¼개, 양파 ½개

양념 재료 간장 1.5큰술, 땅콩버터 1큰술, 설탕 2작은술, 맛술 1큰술, 식초 1큰술, 깨소금 1큰술, 소금 · 후추 약간씩

오이무침

 재료

오이 2개, 물 ½컵, 굵은 소금 1큰술

양념 재료

고추장 1.5큰술, 다진 마늘 1작은술, 다진 파 1큰술, 참기름 2큰술, 설탕 2작은술, 통깨 1작은술

 만드는 방법

1 오이는 길게 어슷 썬 뒤, 도톰하게 채 썬다.

2 오이에 소금과 물을 넣고 15분간 절인다.

3 절인 오이를 물에 가볍게 씻은 후 면보에 싸놓아 물기를 완전히 제거한다.

4 절인 오이에 양념 재료를 넣고 버무린다.

T I P 조금 다르게 즐기는 오이무침

재료 오이 2개

양념 재료 고춧가루 2큰술, 다진 마늘 1작은술, 다진 파 1큰술, 식초 1큰술, 설탕 2작은술, 통깨 1작은술, 소금 약간

① 오이는 링 모양으로 썬 뒤 소금을 약간 뿌려 10분간 그대로 절여둔다.
② 절인 오이는 손으로 가볍게 짜서 물기를 제거한다.
③ 절인 오이에 분량의 양념 재료를 넣고 무쳐낸다.

오이지무침

재료
오이지 2개

양념 재료
고춧가루 2큰술, 다진 파 2큰술, 다진 마늘 1작은술,
참기름 1큰술, 설탕 2작은술, 통깨 2작은술,
후추 약간

●●● 만드는 방법

1 오이지는 얇게 편 썰어 10~15분간 담가
짠기를 제거한 후 물기를 꼭 짠다.

2 오이지에 양념 재료를 넣고 고루 무친다.

짠지무침

재료
짠지(小) 1개

양념 재료
고춧가루 2큰술, 다진 파 2큰술, 다진 마늘 1작은술,
참기름 2큰술, 설탕 2작은술, 통깨 2작은술,
후추 약간

●●● 만드는 방법

1 짠지는 가늘게 채 썰어 찬물에 10~15분간
담가 놓은 후 물기를 꼭 짠다.

2 짠지에 양념 재료를 넣고 고루 무친다.

마늘종무침

재료
마늘종 200g

양념 재료
고추장 2큰술, 고춧가루 1큰술, 다진 마늘 1작은술,
멸치액젓 2작은술, 참기름 1큰술,
시초 1큰술, 물엿 2큰술, 통깨 2작은술, 후추 약가

● ● ● 만드는 방법

1 마늘종을 4cm 길이로 잘라 소금을 넣은
  끓는 물에 가볍게 데친 후 찬물에 씻어 물
  기를 제거한다.

2 양념 재료를 섞어둔다.

3 마늘종에 섞어둔 양념장을 넣고 고루 무친
  다.

TIP
마늘종은 끓는 물에 넣고 팔팔 끓였다가 꺼내야
식감도 좋고 질겨지지 않는다.

도라지무침

재료
도라지 150g, 오이 ½개, 고춧가루 1큰술, 소금 약간

양념 재료
고추장 ½큰술, 다진 마늘 1작은술, 다진 파 2큰술,
식초 2큰술, 설탕 1큰술,
통깨 2작은술, 후추 약간

● ● ● 만드는 방법

1 도라지는 한입 길이로 잘라 찬물에 30분
  간 담가 쓴맛을 없앤 후 손으로 짜서 물기
  를 제거한다.

2 오이는 얇게 어슷 썰어 소금을 약간 뿌리
  고 10분간 절인 후 물기를 제거한다.

3 고춧가루를 도라지와 오이에 넣어 버무린
  다.

4 양념 재료를 도라지와 오이에 넣고 고루
  무친다.

TIP
도라지는 물에 담가 쓴맛과 아린 맛을 제거해야
한다. 물기는 손으로 꼭 짜줘야
식감이 살고 질퍽해지는 것을 막을 수 있다.

파절임

재료 대파 3대

양념 재료
멸치액젓 1.5큰술, 설탕 1.5큰술, 식초 2큰술,
참기름 1큰술, 통깨 2작은술, 고춧가루 2작은술,
다진 청양고추 2큰술, 다진 홍고추 1큰술

●●● 만드는 방법

1 대파는 채칼을 이용하여 곱게 채쳐 놓고
찬물에 2~3분간 담가 매운맛을 어느 정
도 제거한 후 물기를 제거한다.

2 양념 재료들을 섞는다.

3 먹기 직전 파채에 섞어둔 양념장을 넣고
가볍게 무친다.

돌나물무침

재료
돌나물 2줌, 오이 ½개

양념 재료
멸치액젓 1.5큰술, 설탕 1.5큰술, 식초 2큰술,
참기름 1큰술, 통깨 2작은술, 고춧가루 2작은술,
다진 청양고추 2큰술, 다진 홍고추 1큰술

●●● 만드는 방법

1 돌나물은 깨끗이 다듬어 씻어 준비하고,
오이는 어슷 썬다.

2 양념 재료들을 섞는다.

3 먹기 직전 돌나물과 오이에 섞어둔 양념장
을 넣고 가볍게 무친다.

✳ 달래무침

1 달래는 깨끗이 손질하여 씻은 후 7~8cm 길이
가 되도록 자르고 양파는 곱게 채 썬다.

2 양념 재료들을 섞는다.

3 달래와 양파에 양념장을 넣고 가볍게 무친다.

재료 달래 1단, 양파 ¼개

양념 재료 멸치액젓 1.5큰술, 설탕 1.5큰술,
식초 2큰술, 참기름 1큰술, 통깨 2작은술, 고춧가루 2작은술,
다진 청양고추 2큰술, 다진 홍고추 1큰술

✳ 브로콜리겉절이

●●● 만드는 방법

1 브로콜리는 적당한 송이로 떼어 내어 굵은 소금과
물을 뿌려 30분간 절인다.

2 흐르는 물에 가볍게 헹군 후 채반에 올려 물기를 완
전히 제거한다.

3 쪽파는 4cm 길이로 자르고, 홍고추는 어슷 썰고, 양
파는 채 썬다.

4 양념 재료들을 섞어둔다.

5 브로콜리와 쪽파, 홍고추, 양파에 양념장을 넣고 버
무린다.

재료 브로콜리 2송이, 굵은 소금 한줌,
쪽파 5대, 홍고추 1개, 양파 ½개

양념 재료 고춧가루 7큰술, 액젓 2.5큰술, 설탕 2큰술,
다진 마늘 1큰술, 다진 생강 1작은술, 물 ¼컵, 통깨 2큰술, 참기름 2큰술

배추겉절이

●●● 만드는 방법

1 알배추는 적당한 크기로 잘라 굵은 소금과 물을 뿌려 30분간 절인다.

2 흐르는 물에 가볍게 헹군 후 채반에 올려 물기를 완전히 제거한다.

3 쪽파는 4cm 길이로 자르고, 홍고추는 어슷 썰고, 양파는 채 썬다.

4 양념 재료들을 섞어둔다.

5 절인 알배추, 쪽파, 홍고추, 양파에 양념장을 넣고 고루 버무린다.

재료 알배추 ½포기, 굵은 소금 한줌, 쪽파 5대, 홍고추 1개 양파 ½개

양념 재료 고춧가루 7큰술, 액젓 2.5큰술, 설탕 2큰술, 다진 마늘 1큰술, 다진 생강 1작은술, 물 ¼컵, 통깨 2큰술, 참기름 2큰술

더덕무침

●●● 만드는 방법

1 더덕은 껍질을 벗겨 방망이로 두드려 찢어놓는다.

2 양념 재료를 섞는다.

3 잘게 찢어 놓은 더덕에 섞어둔 양념장을 넣고 고루 무친다.

TIP
무친 더덕을 들기름에 살짝 구워 먹어도 좋다.

재료 더덕 8뿌리

양념 재료 고추장 2큰술, 고춧가루 ½큰술, 식초 2큰술, 설탕 1큰술, 다진 마늘 1큰술, 통깨 1큰술, 참기름 1큰술

✱ 오징어미나리무침

●●● 만드는 방법

1 오징어는 칼집을 내어 한입크기로 자른 후 끓는 물에 가볍게 데쳐 준비한다.

2 미나리는 5cm 길이로 자르고 양파는 곱게 채 썬다.

3 양념 재료를 섞어둔다.

4 오징어, 미나리, 오이에 섞어둔 양념장을 넣고 고루 무친다.

재료
오징어 1마리, 미나리 한줌, 양파 ¼개

양념 재료 고추장 2큰술, 고춧가루 ½큰술, 식초 2큰술, 설탕 1큰술, 다진 마늘 1큰술, 통깨 1큰술, 참기름 1큰술, 후추 약간

✱ 냉이무침

●●● 만드는 방법

1 냉이는 깨끗이 손질하여 소금을 넣은 끓는 물에 가볍게 데친다. 찬물에 헹군 후 손으로 꼭 짠다.

2 양념 재료를 섞어둔다.

3 먹기 직전 데친 냉이에 섞어둔 양념장을 넣고 고루 무친다.

재료
냉이 100g

양념 재료 고추장 2큰술, 다진 파 1큰술, 다진 마늘 1큰술, 참기름 2큰술, 통깨 2작은술, 설탕 1작은술

취나물무침

●●● 만드는 방법

1 취나물은 깨끗이 손질하여 절반으로 잘라 소금을 넣은 끓는 물에 가볍게 데친다. 찬물에 헹군 후 손으로 꼭 짠다.

2 양념 재료를 섞어둔다.

3 데친 취나물에 섞어둔 양념장을 넣고 고루 무친다.

재료
취나물 1단

양념 재료 고추장 3큰술, 다진 파 1큰술,
다진 마늘 1큰술, 참기름 2큰술, 통깨 2작은술, 설탕 2작은술

얼갈이무침

●●● 만드는 방법

1 얼갈이는 깨끗이 손질하여 소금을 넣은 끓는 물에 5분간 데친다. 찬물에 헹군 후 손으로 꼭 짠다.

2 데친 얼갈이는 먹기 좋은 길이로 자르고 홍고추는 어슷 썬다.

3 양념 재료를 섞어둔다.

4 데친 얼갈이와 홍고추에 섞어둔 양념장을 넣고 고루 무친다.

재료
얼갈이 배추 200g, 홍고추 2개, 굵은 소금 약간

양념 재료 된장 2큰술, 고추장 1큰술, 다진 마늘 ½큰술,
설탕 2작은술, 통깨 1작은술, 참기름 1큰술

무생채

재료

무(小) ⅓개, 실파 3개, 소금 약간

양념 재료

고춧가루 2큰술, 다진 마늘 1작은술, 식초 2큰술, 설탕 1큰술, 통깨 1작은술, 액젓 2작은술

●●● 만드는 방법

1 무는 곱게 채 썰어 소금을 뿌려 10분간 절인 후 물기는 채반에 올려 뺀다. 실파는 4cm 길이로 자른다

2 절인 무에 고춧가루를 넣어 10분간 버무려 놓은 후 나머지 재료를 넣고 가볍게 버무린다.

콩나물무침

재료

콩나물 200g

양념 재료

다진 파 2큰술, 다진 마늘 1작은술, 고춧가루 2큰술, 참기름 1큰술, 설탕 1작은술, 소금·후추 약간씩

●●● 만드는 방법

1 콩나물은 깨끗이 다듬어 소금을 약간 넣은 물에 뚜껑을 닫은 채로 삶는다.

2 김이 나고 콩나물 냄새가 나면 바로 불을 끄고 1분간 뜸을 들인 후 채반에 올려 물기를 제거한다.

3 콩나물에 양념 재료를 넣고 고루 무친다.

김치무침

재료
김치 ¼포기

양념 재료
다진 파 2큰술, 고춧가루 2큰술, 참기름 2큰술,
설탕 1큰술, 후추 약간

●●● 만드는 방법

1 김치는 소를 털고 잘게 썬 뒤 물기를 제거
한다.

2 김치에 양념 재료를 넣고 무친다.

무말랭이

재료
무말랭이 3줌, 말린 고춧잎 한줌, 잣 1큰술

양념 재료
찹쌀풀 5큰술(물 : 찹쌀가루 = 8:1로 끓이기),
멸치액젓 3큰술, 고춧가루 6큰술, 다진마늘 2큰술,
물엿 3큰술, 참기름 2큰술

●●● 만드는 방법

1 무말랭이는 찬물에 담가 10~15분간 불린
후 손으로 물기를 꼭 짠다.

2 고춧잎은 1시간 이상 따뜻한 물에 불려 부
드럽게 만든 후 물기를 꼭 짠다.

3 양념 재료를 모두 섞어둔다.

4 무말랭이, 고춧잎, 잣을 섞어둔 양념에 버
무린다.

골뱅이무침

재료
골뱅이 통조림 1캔, 양파 ½개, 당근 ¼개,
청양고추 1개, 오이 ½개, 깻잎 5장, 대파 1대

양념 재료
고추장 2큰술, 고춧가루 1큰술, 간장 1큰술,
디진 마늘 1작은술, 식초 3큰술, 설탕 2큰술,
통깨 1작은술, 매실청 2큰술

●●● 만드는 방법

1 골뱅이는 한입크기로 자르고, 양파와 깻잎
은 채 썰기, 당근은 편 썰기, 오이와 청양
고추, 대파는 어슷썰기 한나.

2 양념 재료를 섞어둔다.

3 1에 섞어둔 양념장을 넣고 고루 버무린다.

TIP
무침양념에 골뱅이 국물을 조금 남겼다
2큰술 정도 넣어주면 쉽게 맛을 낼 수 있다.
삶은 소면을 함께 곁들이면 더욱 좋다.

우렁무침

재료
우렁 2줌, 미나리 힌줌, 앙피 ½개

양념 재료
고추장 2큰술, 고춧가루 ½큰술, 식초 2큰술,
설탕 1큰술, 다진 마늘 1큰술, 통깨 1큰술,
참기름 1큰술

●●● 만드는 방법

1 우렁은 소금을 넣은 끓는 물에 살짝 데쳐
준비한다.

2 미나리는 5cm 길이로 자르고 양파는 곱게
채 썬다.

3 분량의 양념 재료를 섞어둔다.

4 손질한 우렁, 미나리, 양파에 섞어둔 양념
을 넣고 고루 무친다.

요령8

정성 가득, 맛있는
밥 만들기 요령

맛있는 덮밥 만들기 요령

· 밥상을 차리기 위해 여러 가지의 반찬을 만드는 게 귀찮아지는 날에는 냉장고 속 재료를 이용하여 덮밥을 만들어보자. 주재료가 되는 단백질 재료 1~2가지와 냉장고에 늘 구비되어 있는 채소를 이용하면 기본양념만으로도 얼마든지 맛있는 덮밥을 만들 수 있다.

· 어떤 양념을 이용하든 덮밥을 만드는 요령은 동일하다. 우선 오일을 두르고 다진 마늘과 다진 파 등의 향채를 넣어 향을 낸 후 주재료와 채소를 넣고 볶는다. 그 다음 양념장을 넣고 재빨리 볶은 후 물전분으로 농도를 맞추고 따뜻한 밥 위에 끼었으면, 근사한 덮밥 한 그릇이 금세 만들어진다. 보통 양념장이 걸쭉해질 때까지 볶는 일이 많은데, 물전분을 이용해서 농도를 맞춰보자. 물전분은 물과 전분가루를 1:1로 섞은 것으로, 바로바로 적당한 끈기를 낼 수 있기 때문에 더욱 편리하게 덮밥을 만들 수 있다.

두부덮밥

 재료

밥 2공기, 두부(小) 1모, 양파 ½개, 애호박 ¼개, 표고버섯 2개, 당근 ¼개, 홍고추 1개,
다진 마늘 1큰술, 오일 3큰술, 물전분 1~2큰술, 참기름 2작은술, 소금 · 후추 약간씩

양념 재료

물 ½컵, 간장 3큰술, 맛술 2큰술, 물엿 2큰술

 만드는 방법

1 양파, 애호박, 당근, 표고버섯, 홍고추는 같은 길이로 채 썬다. 두부는 한입크기로 잘라 소금을 뿌려가며 오일 두른 팬에서 굽는다.

2 오일 두른 팬에 다진 마늘을 볶아 향을 낸 후 손질한 채소를 넣고 볶는다.

3 양념 재료를 섞어 팬에 붓고 강불에서 끓인다.

4 양념이 끓으면 물전분을 넣어 농도를 낸다.

5 구워 놓은 두부와 참기름을 넣고 살짝 볶은 후 소금과 후추로 나머지 간을 한다. 밥 위에 얹어낸다.

TIP
물전분은 물과 전분가루를 1:1로 섞어 놓은 것으로
시간이 지날수록 전분가루가 가라앉기 때문에
사용 직전에 잘 휘저어 사용하여야 한다.

유산슬덮밥

재료 밥 2공기, 쇠고기 50g,
오징어(몸통) 1마리, 양파 ½개, 새우살 100g,
청경채 2개, 오일 1큰술, 물 ½컵, 물전분 1~2큰술,
다진 마늘 1큰술, 다진 생강 1작은술,
대파 흰 부분 채 썬 것 1큰술, 참기름 1작은술,
소금 · 후추 약간씩

양념 재료 굴소스 1큰술, 간장 1큰술, 맛술 2큰술,
물엿 1큰술

●●● 만드는 방법

1 쇠고기는 얇게 편 썰어 소금, 후추로 밑간
을 하고, 오징어와 양파는 채 썬다. 청경채
는 절반 길이로 자른다.

2 오일 두른 팬에 다진 마늘, 다진 생강, 채
썬 대파를 볶아 향을 낸다.

3 쇠고기, 양파, 오징어, 새우살 순으로 넣어
볶는다.

4 양념 재료를 넣고 한번 볶은 후 물을 붓고
강불에서 끓인다.

5 끓으면 물전분으로 농도를 맞춘 후 청경채
와 참기름을 넣고 소금과 후추로 나머지
간을 한다. 밥 위에 얹어낸다.

새우덮밥

재료 밥 2공기, 새우살 200g,
브로콜리 ¼송이, 양파 ½개, 오일 1큰술,
물 ½컵, 물전분 1~2큰술, 다진 마늘 1큰술,
대파 흰 부분 채 썬 것 1큰술, 참기름 1작은술,
소금 · 후추 약간씩

양념 재료 굴소스 ½큰술, 간장 1큰술, 맛술 2큰
술, 물엿 1큰술

●●● 만드는 방법

1 새우살은 소금물에 잘 씻어 준비하고, 브
로콜리는 송이송이 떼어내고, 양파는 채
썬다.

2 오일 두른 팬에 다진 마늘, 채 썬 대파를
볶아 향을 낸다.

3 양파, 브로콜리, 새우살을 넣고 볶는다.

4 양념 재료를 넣고 한번 볶은 후 물을 붓고
강불에서 끓인다.

5 끓으면 물전분으로 농도를 맞춘 후 참기름
을 넣고 소금과 후추로 나머지 간을 한다.
밥 위에 얹어낸다.

해산물덮밥

재료 밥 2공기, 오징어 ½개,
모시조개 10개, 새우(중하) 6개, 브로콜리 ¼송이,
양파 ½개, 오일 1큰술, 물 ½컵, 물전분 1~2큰술,
다진 마늘 1큰술, 다진 생강 1작은술,
대파 흰 부분 채 썬 것 1큰술, 고추기름 1큰술,
소금 · 후추 약간씩

양념 재료 굴소스 2큰술, 간장 1큰술, 맛술 2큰술,
물엿 1큰술

●●● 만드는 방법

1 오징어는 칼집을 내서 한입크기로 썰고,
새우는 껍질을 벗겨 준비한다.

2 브로콜리는 송이송이 떼어내고 양파는 채
썬다.

3 오일 두른 팬에 다진 마늘, 다진 생강, 채
썬 대파를 볶아 향을 낸다.

4 모시조개, 양파, 오징어, 새우, 브로콜리 순
으로 넣고 볶는다.

5 양념 재료를 넣고 한번 볶은 후 물을 붓고
강불에서 끓인다.

6 끓으면 물전분으로 농도를 맞춘 후 고추기
름을 넣고 소금과 후추로 나머지 간을 한
다. 밥 위에 얹어낸다.

버섯덮밥

재료 밥 2공기, 쇠고기 100g,
표고버섯 3개, 양송이버섯 5개, 팽이버섯 ⅓봉지,
홍고추 1개, 오일 1큰술, 물 ½컵, 물전분 ⅓큰술,
다진 마늘 1큰술, 대파 흰 부분 채 썬 것 1큰술,
참기름 1작은술, 소금 · 후추 약간씩

양념 재료 굴소스 1큰술, 간장 1큰술, 맛술 2큰술,
물엿 1큰술

●●● 만드는 방법

1 쇠고기는 채 썰어 소금과 후추로 밑간을 하
고 표고버섯과 양송이버섯은 편 썰고 홍고
추는 채 썬다. 팽이버섯은 밑둥을 자른다.

2 오일 두른 팬에 다진 마늘, 채 썬 대파를
볶아 향을 낸다.

3 쇠고기를 넣고 먼저 볶은 후 표고버섯과
양송이버섯, 홍고추를 넣고 볶는다.

4 양념 재료를 넣고 한번 볶은 후 물을 붓고
강불에서 끓인다.

5 끓으면 물전분으로 농도를 맞춘 후 참기름
과 팽이버섯을 넣고 소금과 후추로 나머지
간을 한다. 밥 위에 얹어낸다.

닭고기덮밥

재료 밥 2공기, 닭고기 안심 200g,
당근 ¼개, 양파 ½개, 달걀 2개, 다진 마늘 1큰술,
가쓰오부시 육수 1컵, 오일 1큰술, 브로콜리 약간,
소금 · 후추 약간씩

양념 재료 간장 2큰술, 맛술 2큰술, 설탕 1큰술

● ● ● **만드는 방법**

1 닭고기는 한입크기로 썰어 소금과 후추로 밑간을 해둔다.

2 브로콜리는 송이송이 떼어내고, 당근과 양파는 채 썰고, 달걀은 풀어놓는다.

3 오일 두른 팬에 다진 마늘을 볶아 향을 낸 후 닭고기, 당근, 양파, 브로콜리를 넣고 볶는다.

4 가쓰오부시 육수와 양념 재료를 넣고 강불에서 끓인 후 달걀을 넣어 익힌다. 밥 위에 얹어낸다.

장어덮밥

재료 밥 2공기, 시판용 장어구이 1마리,
양파 ½개, 새싹채소 2줌, 가쓰오부시 육수 1컵,
간장 2큰술, 맛술 2큰술, 설탕 1큰술,
물전분 1~2큰술, 무순 약간

● ● ● **만드는 방법**

1 시판용 장어는 따뜻하게 데워 한입크기로 자르고 양파는 곱게 채 썬다.

2 가쓰오부시 육수에 간장, 맛술, 설탕과 채 썬 양파를 넣고 끓인다.

3 끓으면 물전분을 넣어 농도를 맞춘다.

4 밥 위에 장어를 얹고 양념을 듬뿍 얹은 후 새싹채소와 무순을 올려낸다.

마파두부

재료 밥 2공기, 두부(小) 1모,
다진 돼지고기 50g, 양파 ½개, 청고추 3개,
홍고추 1개, 오일 1큰술, 물 ⅓컵,
물전분 1~2큰술, 다진 마늘 1큰술,
참기름 1작은술, 맛술 1큰술, 간장 2작은술,
두반장 2큰술, 설탕 2작은술,
소금 · 후추 약간씩

●●● 만드는 방법

1 두부는 가로×세로 1cm 정육면체로 썰고,
양파, 청고추, 홍고추는 다지고, 돼지고기
는 소금과 후추로 밑간해둔다.

2 오일 두른 팬에 다진 마늘은 볶아 향을 낸
후 맛술과 간장을 넣는다.

3 돼지고기를 넣어 볶은 후, 양파와 고추를
넣고 볶는다.

4 두반장과 설탕을 넣어 한번 볶은 후 물을
넣어 끓인다.

5 끓으면 물전분을 넣어 농도를 낸 후 두부
를 넣는다.

6 소금, 후추, 참기름으로 나머지 간을 한 후
밥 위에 얹어낸다.

오징어덮밥

재료 밥 2공기, 오징어 1마리, 당근 ¼개,
양파 ½개, 청양고추 · 홍고추 1개씩, 대파 1대,
오일 1큰술, 다진 마늘 1큰술, 참기름 1작은술,
소금 · 후추 · 통깨 약간씩

양념 재료 고추장 2큰술, 고춧가루 2작은술,
간장 1큰술, 맛술 1큰술, 물엿 2큰술, 물 ¼컵

●●● 만드는 방법

1 오징어는 칼집을 내서 한입크기로 자르고
당근은 편 썰고, 양파, 청양고추, 홍고추는
채 썰고, 대파는 어슷 썬다.

2 양념 재료를 섞어둔다.

3 오일 두른 팬에 다진 마늘을 볶아 향을 낸
후 당근, 양파, 오징어, 홍고추, 청양고추
순으로 넣는다.

4 양념장을 넣어 볶은 후 참기름, 소금, 후
추, 통깨, 대파를 넣고 마무리한다. 밥 위
에 얹어낸다.

낙지덮밥

재료 밥 2공기, 낙지 2마리, 양파 ½개,
양배추 3장, 오일 1큰술, 다진 마늘 1큰술, 대파 1대,
참기름 1작은술, 소금 · 후추 · 통깨 약간씩

양념 재료 고추장 2큰술, 고춧가루 2작은술,
간장 1큰술, 맛술 2큰술, 물엿 2큰술

●●● 만드는 방법

1 낙지는 한입크기로 자르고 양파와 양배추
는 채 썰고 대파는 어슷 썬다.

2 양념 재료를 섞어둔다.

3 오일 두른 팬에 다진 마늘을 볶아 향을 낸
후 양파, 양배추, 낙지 순으로 넣어 볶는
다.

4 양념장을 넣어 재빨리 볶은 후 참기름, 소
금, 후추, 통깨, 대파를 넣고 마무리 한다.
밥 위에 얹어낸다.

제육덮밥

재료 밥 2공기, 돼지고기 300g,
양파 ⅓개, 양배추 5장, 청양고추 1개, 오일 1큰술,
다진 마늘 1큰술, 대파 1대,
소금 · 후추 · 통깨 약간씩

양념 재료 고추장 2큰술, 고춧가루 2작은술,
간장 1큰술, 맛술 2큰술, 물엿 2큰술,
생강즙 ½큰술

●●● 만드는 방법

1 돼지고기는 얇게 편 썰어 한입크기로 자르
고, 양파와 양배추는 채 썰고, 청양고추와
대파는 어슷 썬다.

2 양념 재료를 섞은 뒤 돼지고기에 버무려
10분간 재워 놓는다.

3 오일 두른 팬에 다진 마늘을 볶아 향을 낸
후 돼지고기, 양파, 양배추, 청양고추 순으
로 넣어 볶는다.

4 참기름, 소금, 후추, 통깨, 대파를 넣고 마
무리 한다. 밥 위에 얹어낸다.

김치덮밥

재료 밥 2공기, 김치 ¼포기,
참치(또는 다진 돼지고기 또는 다진 쇠고기) 100g,
양파 ½개, 청양고추 2개, 홍고추 1개, 대파 1대,
참기름 2작은술, 오일 1큰술, 물 ⅓컵,
물전분 1~2큰술, 고춧가루 1큰술, 설탕 2큰술,
소금 · 후추 약간씩

● ● ● **만드는 방법**

1 김치는 속을 털은 뒤 한입크기로 썰고, 참
치캔은 기름을 제거해둔다.

2 양파는 채 썰고, 청고추와 홍고추, 대파는
어슷 썬다.

3 오일 두른 팬에 김치를 넣고 볶다가 김치
가 투명해지면 물, 참치, 고춧가루, 설탕을
넣는다.

4 양파, 청고추, 홍고추, 대파를 넣고 볶은
후 물전분으로 농도를 맞추고 참기름, 소
금, 후추로 마무리한다. 밥 위에 얹어낸다.

T I P
다진 돼지고기와 다진 쇠고기의 경우는 소금,
후추로 밑간을 한 후 김치와 함께 넣어서 처음
부터 볶는다.

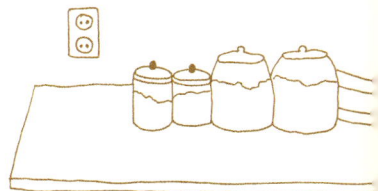

비빔밥의
양념장 요령

초고추장
고추장 3큰술, 식초 2큰술,
설탕 1.5큰술, 맛술 1큰술

양념고추장
고추장 2큰술, 참기름 2작은술,
통깨 1작은술, 물엿 1작은술

양념간장
간장 2큰술, 물 1큰술, 참기름 1큰술,
다진 마늘 1작은술, 통깨 1작은술,
고춧가루 2작은술, 다진 파 1작은술

볶음고추장
다진 쇠고기 50g, 고추장 2큰술,
물엿 1큰술, 물 3큰술,
다진 마늘 1작은술,
통깨ㆍ오일 약간씩

야채비빔밥

●●● **만드는 방법**

1 당근, 애호박, 양배추, 표고버섯, 깻잎은 같은 길이로 채 썬다.

2 깻잎을 제외한 채소에 소금을 뿌려가며 오일에 살짝 볶는다.

3 밥 위에 채소들을 얹고 달걀지단 또는 달걀프라이를 얹는다.

4 양념고추장이나 볶음고추장과 함께 낸다.

재료
밥 2공기, 당근 ¼개, 애호박 ¼개, 양배추 5장, 표고버섯 5개,
깻잎 6장, 달걀지단 또는 달걀프라이 2인분,
소금 · 오일 · 후추 약간씩

열무비빔밥

●●● **만드는 방법**

1 따뜻한 밥을 준비힌다.

2 밥 위에 열무김치와 달걀프라이를 얹고 참기름을 두른다.

3 양념고추장이나 볶음고추장과 함께 낸다.

재료
밥 2공기, 열무김치 2컵, 참기름 2큰술, 달걀프라이 2개

오징어젓갈비빔밥

● ● ● 만드는 방법

1 밥은 따뜻하게 준비하고 상추와 양배추는 곱게 채 썬다.

2 밥 위에 상추, 양배추, 당근채를 올리고 오징어 젓갈을 얹은 뒤 참기름을 두른다.

3 양념고추장이나 볶음고추장과 함께 낸다.

재료
밥 2공기, 오징어젓갈 4큰술,
당근채 약간, 상추 5장, 양배추 3장, 참기름 2큰술

부추비빔밥

● ● ● 만드는 방법

1 따뜻한 밥을 준비한다.

2 부추는 5cm 길이로 자르고 양파는 곱게 채 썬다.

3 밥 위에 부추와 양파를 올리고 들기름을 두른다.

4 양념간장과 함께 낸다.

재료
밥 2공기, 부추 ¼단, 양파 ½개, 들기름 2큰술

도토리묵비빔밥

재료
밥 2공기, 도토리묵 ½모, 김치 ⅛포기,
상추 4장, 김 1장, 참기름 2큰술

김치 양념 재료
고춧가루 2작은술, 설탕 2작은술, 참기름 1큰술

●●● **만드는 방법**

1 따뜻한 밥을 준비한다.

2 도토리묵은 4cm 길이로 채 썰고, 김치는
잘게 썰어 김치 양념에 버무려 놓는다. 상
추와 김은 곱게 채 썬다.

3 밥 위에 도토리묵, 김치, 상추, 김을 얹고
참기름을 두른다.

4 양념간장과 함께 낸다.

회비빔밥

재료
밥 2공기, 연어회 또는 참치회 200g,
치커치 6개, 무순 약간, 참기름 1큰술

●●● **만드는 방법**

1 따뜻한 밥을 준비한다.

2 회는 깍뚝 썰기하고, 치커리는 적당한 크
기로 뜯어 놓는다.

3 밥 위에 치커리, 회, 무순을 얹고 참기름을
두른다.

4 소고추장과 함께 낸다.

새싹비빔밥

재료

밥 2공기, 새싹 두줌, 어린잎채소 약간,
양배추 2장, 참기름 2큰술

●●● **만드는 방법**

1 따뜻한 밥을 준비한다.

2 양배추는 곱게 채 썬다.

3 밥 위에 양배추, 새싹, 어린잎채소를 얹고 참기름을 두른다.

4 초고추장 또는 양념고추장과 함께 낸다.

맛있는 솥밥을 만드는 밥물의 요령

- 솥밥은 무엇보다 밥물을 정하는 것이 포인트이다. 콩나물과 같이 채소가 많이
  들어갈 경우는 재료의 수분을 고려해야 한다.
- 불리지 않은 쌀일 경우는 '쌀 : 물＝1:1'정도의 비율로, 불린 쌀인 경우는
  '쌀 : 물＝1:0.7～0.8'정도의 비율로 잡고 짓는 것이 안전하다.

굴밥

 재료

불린 쌀 1컵, 물 0.7~0.8컵, 굴 200g, 무 100g, 다시마(가로×세로 5cm) 1장, 부추 약간

양념장 재료

간장 2큰술, 참기름 1큰술, 고춧가루 2작은술, 설탕 1작은술, 다진 마늘 1작은술,
다진 파 1작은술, 통깨 약간, 물 1큰술

 만드는 방법

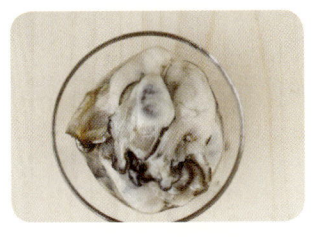

1 굴은 소금물에 해감한다.

2 무는 곱게 채 썰어 준비한다.

3 냄비에 불린 쌀을 넣고 무, 굴, 다시마 순으로 얹은 뒤 물을 붓는다.

4 뚜껑을 닫고 강불에서 점점 불을 줄여가며 밥을 지은 후 5분간 뜸을 들인다.

5 3cm로 썬 부추를 얹고 양념 재료를 섞어 함께 낸다.

T I P
전기압력솥에 밥을 지으면 불 조절을 하지 않아도 되므로
더욱 손쉽게 할 수 있다.

콩나물밥

재료 불린 쌀 1컵, 물 0.7~0.8컵,
콩나물 ⅓봉지, 다진 쇠고기 100g,
소금 · 후추 · 맛술 약간씩
양념장 재료 간장 1큰술, 참기름 1큰술, 고춧가루 2작은술,
설탕 1작은술, 다진 마늘 1작은술, 다진 파 1작은술,
통깨 약간, 물 1큰술

● ● ● **만드는 방법**

1 콩나물은 깨끗이 손질해두고 다진 쇠고기는 소금, 후추, 맛술로 밑간을 해둔다.

2 냄비에 불린 쌀을 넣고 콩나물과 다진 쇠고기를 넣은 뒤 물을 붓는다.

3 뚜껑을 닫고 강불에서 점점 불을 줄여가며 밥을 지은 후 5분간 뜸을 들인다.

4 양념 재료를 섞어 함께 낸다.

무밥

재료 불린 쌀 1컵, 물 0.7~0.8컵, 무 200g,
다진 쇠고기 100g, 소금 · 후추 · 맛술 약간씩
양념장 재료 간장 1큰술, 참기름 1큰술, 고춧가루 2작은술,
설탕 1작은술, 다진 마늘 1작은술, 다진 파 1작은술, 통깨 약간, 물 1큰술

● ● ● **만드는 방법**

1 무는 곱게 채를 썰고 다진 쇠고기는 소금, 후추, 맛술로 밑간을 해둔다.

2 냄비에 불린 쌀을 넣고 무와 다진 쇠고기를 넣은 뒤 물을 붓는다.

3 뚜껑을 닫고 강불에서 점점 불을 줄여가며 밥을 지은 후 5분간 뜸을 들인다.

4 양념 재료를 섞어 함께 낸다.

✳ 김치밥

재료 불린 쌀 1컵, 물 0.7~0.8컵, 김치 ½포기, 다진 쇠고기 200g, 소금 · 후추 · 맛술 약간씩

양념장 재료 간장 1큰술, 참기름 1큰술, 고춧가루 2작은술, 설탕 1작은술, 다진 마늘 1작은술, 다진 파 1작은술, 통깨 약간, 물 1큰술

●●● 만드는 방법

1 김치는 소를 털어 흐르는 물에 씻은 후 잘게 썰어 물기를 제거한다. 다진 쇠고기는 소금, 후추, 맛술로 밑간을 해둔다.

2 냄비에 불린 쌀을 넣고 김치, 다진 쇠고기를 넣고 물을 붓는다.

3 뚜껑을 닫고 강불에서 불을 점점 줄여가며 밥을 지은 후 5분간 뜸을 들인다.

4 양념 재료를 섞어 함께 낸다.

✳ 감자밥

재료 불린 쌀 1컵, 물 0.8컵, 감자(中) 2개, 다시마(가로×세로 5cm) 1상

양념장 재료 간장 1큰술, 참기름 1큰술, 고춧가루 1작은술, 설탕 1작은술, 다진 마늘 1작은술, 다진 파 1큰술, 통깨 약간, 물 1큰술

●●● 만드는 방법

1 감자는 한입크기로 자른다.

2 냄비에 불린 쌀을 넣고 감자, 다시마를 얹은 뒤 물을 붓는다.

3 뚜껑을 닫고 강불에시 불을 점점 줄여가며 밥을 지은 후 5분간 뜸을 들인다.

4 익은 다시마는 곱게 채를 썰어 다시 넣고 저어준다. 양념 재료를 섞어 함께 낸다.

고구마밥

재료 불린 쌀 1컵, 물 0.8컵,
고구마(中) 2개

양념장 재료 간장 1큰술, 참기름 1큰술,
고춧가루 1작은술, 설탕 1작은술,
다진 마늘 1작은술, 다진 파 1작은술, 통깨 약간,
물 1큰술

●●● 만드는 방법

1 고구마는 깨끗이 씻어 껍질째 한입크기로
자른다.

2 냄비에 불린 쌀을 넣고 고구마를 넣은 뒤
물을 붓는다.

3 뚜껑을 닫고 강불에서 불을 점점 줄여가며
밥을 지은 후 5분간 뜸을 들인다.

4 양념 재료를 섞어 함께 낸다.

새우밥

재료 불린 쌀 1컵, 물 0.7컵,
새우(중하) 200g, 들기름 2큰술,
다시마(가로×세로 5cm) 1장, 부추 약간

양념장 재료 간장 1큰술, 참기름 1큰술,
설탕 1작은술, 다진 마늘 1작은술, 맛술 1큰술
다진 파 1작은술, 통깨 약간, 물 1큰술

●●● 만드는 방법

1 새우는 껍질을 제거하여 준비하고 부추는
4cm 길이로 자른다.

2 뚝배기에 들기름을 두르고 불린 쌀을 볶는
다.

3 쌀이 투명해지면 새우를 넣고 볶은 후 물
을 넣고 다시마를 얹는다. 뚜껑을 닫고 밥
을 짓는다.

4 밥이 다되면 부추를 넣어 버무린 후 양념
재료를 섞어 함께 낸다.

버섯밥

재료 불린 쌀 1컵, 물 0.7컵,
새송이버섯 5개, 당근 약간, 들기름 2큰술,
다시마(가로×세로 5cm) 1장

양념장 재료 간장 1큰술, 참기름 1큰술,
설탕 1작은술, 고춧가루 2작은술,
다진 마늘 1작은술, 다진 파 1작은술, 통깨 약간,
물 ½큰술

●●● 만드는 방법

1 새송이버섯은 한입크기로 자르고, 당근은
채 썬다.

2 뚝배기에 들기름을 두르고 불린 쌀을 볶는
다.

3 쌀이 투명해지면 새송이버섯과 당근채를
넣어 볶은 뒤 물을 넣고 다시마를 얹는다.
뚜껑을 닫고 밥을 짓는다.

4 양념 재료를 섞어 함께 낸다.

홍합밥

재료 불린 쌀 1컵, 물 0.7컵, 홍합살 200g,
들기름 2큰술, 다시마(가로×세로 5cm) 1장

양념장 재료 간장 1큰술, 참기름 1큰술,
설탕 1작은술, 고춧가루 2작은술,
다진 마늘 1작은술, 다진 파 1작은술,
통깨 약간, 물 ½큰술

●●● 만드는 방법

1 홍합은 소금물에 깨끗이 씻어 준비한다.

2 뚝배기에 들기름을 두르고 불린 쌀을 볶는
다.

3 쌀이 투명해지면 홍합을 넣고 볶은 후 물
을 넣고 다시마를 얹는다. 뚜껑을 닫고 밥
을 짓는다.

4 양념 재료를 섞어 함께 낸다.

요령 9

후루룩

국수 만들기 요령

바로바로 응용 가능한 면발의 비밀

사실 어떤 면에는 어떤 양념과 방법으로 해야 한다고 정해진 것은 없다.
소면이 없다면 칼국수면을 이용해보고, 칼국수면이 없다면 라면사리를 이용해서 만들어보자.
이것이 바로 다양한 국수 요리를 맛볼 수 있는 방법이다.

알맞게 면 삶는 시간

소면 3~4분 정도 삶은 후 찬물에 2~3번 헹궈준다.

메밀면 3분 정도 삶아 찬물에서 2~3번 헹궈준다.

쌀국수면 쌀국수는 끓는 물에 바로 삶는 것보다 따뜻한 물에 10분 정도 불렸다가 끓는 물에 20초 정도 빠르게 삶는 것이 좋다.

우동면 2분 정도 가볍게 끓여 너무 퍼지지 않도록 한다.

칼국수면 흐르는 물에 살짝 씻거나 가루를 충분히 털어준 후 6~8분 정도 삶아준다. 겉의 가루를 제거하지 않으면 국물이 탁해지고 걸쭉해진다.

수제비반죽 시판용 수제비는 5분 정도 끓이면 적당하고, 직접 만든 수제비 반죽의 경우는 국물 위로 떠오르면서 완전히 투명해질 때까지 끓여야 한다.

라면 라면은 기호에 따라 삶는 시간이 틀릴 수 있으나 대략 2분~ 2분 30초 사이가 일반적이다.

잔치국수

재료 소면 2인분, 애호박 ½개, 당근 ¼개, 표고버섯 3개, 달걀지단 1장, 멸치 반줌, 다시마(가로×세로 5cm) 1장, 물 3.5컵, 국간장 1큰술, 다진 마늘 2작은술, 오일 · 소금 · 후추 약간씩

양념장 재료 간장 1큰술, 참기름 1큰술, 고춧가루 2작은술, 다진 마늘 1작은술, 다진 파 1큰술, 통깨 약간, 물 1큰술

●●● 만드는 방법

1 애호박, 당근, 표고버섯은 곱게 채 썬다. 오일을 두른 팬에 각각의 채소를 넣고 소금과 후추로 간을 하여 볶는다. 달걀지단은 채 썰고 양념장 재료는 모두 섞어놓는다.

2 물에 멸치와 다시마를 넣고 10분간 끓인 후 멸치와 다시마는 건진다. 국간장과 다진 마늘, 소금으로 간을 한다.

3 소면은 삶아서 찬물에 헹군 후, 볶아 놓은 애호박, 당근, 표고버섯과 채 썬 지단을 올린다.

4 3에 2의 육수를 붓고 양념장과 함께 낸다.

야채칼국수

재료 칼국수면 2인분, 애호박 ¼개, 감자 ½개, 양파 ⅓개, 당근 약간, 대파 1대, 물 4컵, 멸치 반줌, 다시마(가로×세로 5cm) 1장, 국간장 1큰술, 다진 마늘 2작은술, 소금 · 후추 약간씩

●●● 만드는 방법

1 애호박, 감자, 양파, 당근은 도톰히 채 썰고 대파는 어슷 썬다.

2 물에 멸치와 다시마를 넣고 10분간 끓인 후 멸치와 다시마는 건져낸다. 그 다음 애호박, 감자, 양파, 당근을 넣고 끓인다.

3 채소가 반쯤 익으면 칼국수면을 넣는다.

4 국간장과 다진 마늘, 소금, 후추로 간을 한 뒤, 대파를 넣고 마무리한다.

바지락칼국수

재료 칼국수면 2인분, 바지락 300g,
양파 ½개, 홍고추 · 청양고추 1개씩, 멸치 반줌,
물 4컵, 국간장 1큰술, 다진 마늘 2작은술,
소금 · 후추 약간씩

●●● 만드는 방법

1 양파는 채 썰고, 홍고추와 청양고추는 링 모양으로 썬다.

2 물에 멸치와 바지락을 넣고 10분간 끓인 후 멸치는 건져낸다.

3 양파와 칼국수면을 넣고 끓이다가 국간장과 다진 마늘, 소금, 후추로 간을 한다.

4 청양고추와 홍고추를 넣고 마무리한다.

해물칼국수

재료 칼국수면 2인분, 새우 6마리,
모시조개 200g, 양파 ½개, 대파 1대, 멸치 반줌,
물 4컵, 국간장 1큰술, 다진 마늘 2작은술,
소금 · 후추 약간씩

●●● 만드는 방법

1 양파는 채 썰고 대파는 어슷 썰어 준비한다.

2 물에 멸치와 모시조개를 넣고 10분간 끓인 후 멸치는 건져낸다.

3 새우와 양파를 넣고 끓이다가 칼국수면을 넣는다.

4 국간장과 다진 마늘, 소금, 후추로 간한 뒤, 대파를 넣고 마무리한다.

✳ 버섯칼국수

재료 칼국수면 2인분, 표고버섯 4개,
팽이버섯 ½봉지, 모시조개 200g, 애호박 ¼개,
홍고추 1개, 멸치 반줌, 물 4컵, 국간장 1큰술,
다진 마늘 2작은술, 소금 · 후추 약간씩

●●● 만드는 방법

1 표고버섯은 편 썰고 팽이버섯은 밑둥을 잘
라 놓는다. 애호박은 반달 썰고, 홍고추는
어슷 썬다.

2 물에 멸치와 모시조개를 넣고 10분간 끓인
후 멸치는 건져낸다.

3 표고버섯과 애호박을 넣고 끓이다가 칼국
수면을 넣는다.

4 국간장과 다진 마늘, 소금, 후추로 간을 한
뒤, 팽이버섯과 홍고추를 넣고 마무리한
다.

✳ 매운 감자칼국수

재료 칼국수면 2인분, 김치 ⅛포기,
애호박 ¼개, 감자 ½개, 양파 ½개, 대파 1대,
멸치 반줌, 다시마(가로×세로 5cm) 1장, 물 4컵,
국간장 1큰술, 다진 마늘 2작은술, 고추장 2작은술,
고춧가루 1큰술, 소금 · 후추 약간씩

●●● 만드는 방법

1 애호박과 감자는 반달 썰고, 김치는 한입
크기로 자른다. 양파는 채 썰고 대파는 어
슷 썬다.

2 물에 멸치와 다시마, 김치를 넣고 10분간
끓인 후 멸치와 다시마는 건져낸다.

3 김치가 투명해지면 고추장과 고춧가루를
넣는다.

4 애호박, 감자, 양파, 칼국수면을 넣는다.

5 국간장과 다진 마늘, 소금, 후추로 간한
뒤, 대파를 넣고 마무리한다.

매운 해물칼국수

재료 칼국수면 2인분, 새우 6마리,
모시조개 100g, 양파 ½개, 대파 1대, 멸치 반숨,
물 4컵, 국간장 1큰술, 다진 마늘 2작은술,
고추장 1큰술, 고춧가루 1큰술, 소금 · 후추 약간씩

●●● 만드는 방법

1 양파는 채 썰고 대파는 어슷 썬다.

2 물에 멸치와 모시조개를 넣고 10분간 끓인
후 멸치는 건져낸다.

3 새우와 양파를 넣은 뒤 고추장과 고춧가루
를 풀어 넣는다.

4 칼국수면을 넣고 끓이다가 국간장과 다진
마늘, 소금, 후추로 간을 한다.

5 대파를 넣고 마무리한다.

매운 버섯칼국수

재료 칼국수면 2인분, 쇠고기 100g,
표고버섯 4개, 팽이버섯 ½봉지, 애호박 ¼개,
양파 ½개, 청양고추 1개, 물 4컵, 국간장 1큰술,
다진 마늘 2작은술, 고추장 1.5큰술,
고춧가루 1큰술, 소금 · 후추 약간씩

●●● 만드는 방법

1 쇠고기와 표고버섯은 편 썰고 팽이버섯은
밑둥을 잘라 놓는다. 애호박은 반달 썰기,
청양고추는 어슷 썰기, 양파는 채 썬다.

2 물에 쇠고기, 표고버섯, 애호박, 양파를 넣
고 끓인다.

3 고추장과 고춧가루를 풀어 넣은 후 칼국수
면을 넣는다.

4 국간장과 다진 마늘, 소금, 후추로 간을 한
다.

5 팽이버섯과 청양고추를 넣고 마무리한다.

닭칼국수

재료 칼국수면 2인분, 닭 ½마리, 대파 2대, 통마늘 6개, 홍고추 1개, 양파 ½개, 물 6컵, 맛술 1큰술, 국간장 1큰술, 소금 · 후추 약간씩

●●● 만드는 방법

1 물에 닭을 넣은 뒤 통마늘과 맛술을 넣는다. 대파도 4등분해서 넣고 충분히 끓인다.

2 닭이 익으면 꺼내 살을 발라내어 잘게 찢은 뒤 1에 다시 넣고, 대파와 통마늘은 꺼낸다.

3 칼국수면과 채 썬 양파를 넣어 끓인 후 국간장과 소금, 후추로 간을 한다.

4 대파와 홍고추를 링 모양으로 썰어 넣고 나머지 간을 한다.

매운 닭칼국수

재료 칼국수면 2인분, 닭 ½마리, 양파 ½개, 대파 1대, 통마늘 6개, 청양고추 · 홍고추 1개씩, 물 6컵, 맛술 1큰술, 국간장 1큰술, 고춧가루 2큰술, 국간장 2작은술, 소금 · 후추 약간씩

●●● 만드는 방법

1 물에 닭을 넣은 뒤 통마늘과 맛술을 넣는다. 대파도 4등분해서 넣고 충분히 끓인다.

2 닭이 익으면 꺼내 살을 발라내어 잘게 찢은 뒤 1에 다시 넣고, 대파와 통마늘은 꺼낸다.

3 고추장과 고춧가루를 풀어 넣고 칼국수면을 넣어 끓인다.

4 양파를 채 썰어서 넣고 국간장과 소금, 후추로 간을 한다.

5 청양고추와 홍고추를 링 모양으로 썰어 넣고 마무리한다.

감자수제비

● ● ● **만드는 방법**

1 호박과 감자는 반달 썰고, 양파는 채 썰고, 홍고추와 대파는 어슷 썬다.

2 물에 멸치와 다시마, 바지락을 넣고 10분간 끓인 뒤 멸치와 다시마는 건져낸다.

3 호박, 감자, 양파를 넣고 수제비 반죽을 뜯어 넣는다. 수제비가 물 위로 뜰 때까지 끓인다.

4 국간장과 다진 마늘, 소금, 후추로 간을 한 뒤, 홍고추와 대파를 넣어 마무리한다.

재료 수제비 반죽 2인분, 바지락 200g,
호박 ¼개, 감자 1개, 양파 ½개, 홍고추 1개, 대파 1대,
멸치 반줌, 다시마(가로×세로 5cm) 1장, 물 4컵, 국간장 1큰술,
다진 마늘 2작은술, 소금 · 후추 약간씩

들깨수제비

● ● ● **만드는 방법**

1 표고버섯은 편 썰고, 양파는 채 썬다. 대파는 어슷 썰고 팽이버섯은 밑둥을 잘라 준비한다.

2 물에 멸치와 다시마를 넣고 10분간 끓인 뒤 멸치와 다시마는 건져낸다.

3 표고버섯과 양파를 넣고 끓이다가 수제비 반죽을 뜯어 넣는다. 수제비가 국물 위에 뜰 때까지 끓인다.

4 들깨가루, 국간장, 다진 마늘, 소금, 후추를 넣고 간을 한 후 팽이버섯과 대파를 넣고 마무리한다.

재료 수제비 반죽 2인분, 표고버섯 4개,
양파 ½개, 팽이버섯 ½봉지, 대파 1대, 멸치 반줌,
다시마(가로×세로 5cm) 1장, 물 3.5컵, 국간장 1큰술,
다진 마늘 2작은술, 들깨 4큰술, 소금 · 후추 약간씩

된장수제비

재료 수제비 반죽 2인분, 호박 ¼개,
감자 1개, 양파 ½개, 홍고추 1개, 대파 1대,
멸치 반줌, 다시마(가로×세로 5cm) 1장, 물 3.5컵,
국간장 ½큰술, 다진 마늘 2작은술,
된장 2큰술, 고추장 2작은술

● ● ● **만드는 방법**

1 호박과 감자는 반달 썰고, 양파는 채 썰고, 홍고추와 대파는 어슷 썬다.

2 물에 멸치와 다시마를 넣고 10분간 끓인 후 멸치와 다시마는 건져낸다.

3 호박, 감자, 양파를 넣고 된장과 고추장을 풀어 넣는다.

4 수제비 반죽을 뜯어 넣은 후 수제비가 국물 위로 뜰 때까지 끓인다.

5 국간장과 다진 마늘로 간한 뒤, 홍고추와 대파를 넣고 마무리한다.

고추장수제비

재료 수제비 반죽 2인분, 모시조개 200g,
감자 1개, 양파 ½개, 청양고추 1개, 홍고추 1개,
멸치 반줌, 물 3.5컵, 국간장 ½큰술,
다진 마늘 2작은술, 고추장 2큰술,
고춧가루 2작은술

● ● ● **만드는 방법**

1 감자는 반달 썰고, 양파는 채 썰고, 청양고추와 홍고추는 어슷 썬다.

2 물에 멸치와 모시조개를 넣고 10분간 끓인 후 멸치는 건져낸다.

3 감자와 양파를 넣은 뒤 고추장과 고춧가루를 풀어 넣는다.

4 수제비 반죽을 뜯어 넣은 후 수제비가 물 위로 뜰 때까지 끓인다.

5 국간장과 다진 마늘로 간한 뒤, 청양고추와 홍고추를 넣고 마무리한다.

✳ 해물수제비

재료 수제비 반죽 2인분, 새우 6마리,
모시조개 100g, 양파 ½개, 대파 1대, 멸치 반줌,
물 4컵, 국간장 1큰술, 다진 마늘 2작은술,
소금 · 후추 약간씩

● ● ● 만드는 방법

1 양파는 채 썰고, 대파는 어슷 썬다.

2 물에 멸치와 모시조개를 넣고 10분간 끓인 뒤
멸치는 건져낸다.

3 새우와 양파를 넣고 수제비 반죽을 뜯어 넣는
다. 수제비가 국물 위로 뜰 때까지 끓인다.

4 국간장과 다진 마늘, 소금, 후추로 간을 한 뒤,
대파를 넣어 마무리한다.

✳ 김치수제비

재료 수제비 반죽 2인분, 배추김치 ¼포기,
양파 ½개, 멸치 반줌, 물 3컵, 김치국물 3큰술,
고춧가루 2작은술, 국간장 ½큰술, 다진 마늘 1작은술,
대파 2대, 소금 · 후추 약간씩

● ● ● 만드는 방법

1 김치는 소를 털어 한입크기로 자르고, 양파는 채
썰고, 대파는 어슷 썬다.

2 물에 멸치와 김치를 넣고 끓이다가 10분 후에 멸
치를 건져낸다.

3 김치가 투명해지면, 양파와 김치 국물, 고춧가루
를 넣고 수제비 반죽을 뜯어 넣는다. 수제비가
물 위로 뜰 때까지 끓인다.

4 국간장과 다진 마늘, 소금, 후추로 간한 뒤, 대파
를 넣고 마무리한다.

우동

재료 우동면 2인분, 어묵 200g,
삶은 달걀 1개, 쑥갓 약간, 멸치 반줌,
다시마(가로×세로 5cm) 1장, 가쓰오부시 한줌,
물 4컵, 국간장 1큰술, 소금 · 후추 약간씩

●●● 만드는 방법

1 어묵은 한입크기로 자르고 삶은 달걀은 2
등분한다.

2 물에 멸치와 다시마를 넣고 10분간 끓인
후 불을 끄고 가쓰오부시를 넣은 다음 10
분간 둔다.

3 체에 걸러 맑은 국물만 얻는다.

4 걸러낸 육수에 어묵과 우동을 넣고 끓이다
가 국간장, 소금, 후추로 간을 한다.

5 삶은 달걀과 쑥갓을 넣고 마무리한다.

김치우동

재료 우동면 2인분, 배추김치 ¼포기,
김치 국물 3큰술, 고춧가루 2작은술, 양파 ½개,
대파 1대, 멸치 반줌, 다시마(가로×세로 5cm) 1장,
가쓰오부시 한줌, 물 4컵, 국간장 1큰술,
소금 · 후추 약간씩

●●● 만드는 방법

1 배추김치는 소를 털어 잘게 썰고, 양파는
채 썰고 대파는 어슷 썬다.

2 물에 멸치와 다시마를 넣고 10분간 끓인
후 불을 끄고 가쓰오부시를 넣은 다음 10
분간 둔다.

3 체에 걸러 맑은 국물만 얻는다.

4 걸러낸 국물에 김치, 김치 국물, 고춧가루,
양파를 넣고 끓이다가 김치가 투명해지면
우동면을 넣는다.

5 국간장, 소금, 후추으로 간한 뒤 대파를 넣
고 마무리한다.

✳ 열무소면

재료 소면 2인분, 열무김치 2컵,
홍고추 1개, 김치 국물 ½컵, 멸치육수 2컵

육수 양념 재료 식초 2큰술, 설탕 1.5큰술, 참기름
1큰술, 연겨자 1작은술, 통깨 · 소금 약간씩

●●● 만드는 방법

1 소면은 삶아서 찬물에 헹군다.

2 멸치육수에 김치 국물과 육수 양념 재료를
넣어 간을 한 후 냉장고에 둔다.

3 열무김치는 먹기 좋은 길이로 자르고, 홍
고추는 링 보양으로 썬다.

4 면 위에 열무김치와 홍고추를 얹고 차게
준비한 국물을 넣는다.

✳ 김치소면

재료 소면 2인분, 배추김치 ¼포기,
오이 ¼개, 삶은 달걀 1개, 김치 국물 ½컵,
멸치육수 2컵

육수 양념 재료 식초 2큰술, 설탕 1.5큰술,
참기름 1큰술, 연겨자 1작은술, 통깨 · 소금 약간씩

●●● 만드는 방법

1 소면은 삶아서 찬물에 헹군다.

2 멸치육수에 김치 국물과 육수 양념 재료를
넣어 간을 한 후 냉장고에 둔다.

3 배추김치는 잘게 썰고, 오이는 채 썰고, 삶
은 달걀은 4등분한다.

4 면 위에 배추김치, 오이, 삶은 달걀을 얹고
차게 준비한 국물을 넣는다.

 볶음 국수 만드는 요령

 **1** 재료는 미리 손질해서 먹기 좋은 크기로 잘라둔다

 **2** 면은 데쳐둔다.

 **3** 오일을 두른 팬에 재료를 먼저 볶는다.

 **4** 재료가 어느 정도 익으면 면을 넣는다.

 **5** 양념장을 넣고 강불에서 재빨리 볶는다.

간장볶음우동

재료
우동면 2개, 표고버섯 4개,
피망 ½개, 당근 ¼개, 양파 ½개, 가쓰오부시 약간,
오일 2큰술, 다진 마늘 1큰술, 참기름 1작은술,
소금 · 후추 약간씩

양념 재료
간장 2큰술, 굴소스 1큰술, 맛술 2큰술,
물엿 2큰술, 통깨 약간, 물¼컵

● ● ● **만드는 방법**

1 표고버섯, 피망, 당근, 양파는 도톰히 채 썰어 준
비한다.

2 우동면은 가볍게 데쳐 준비한다.

3 오일을 두른 팬에 다진 마늘을 볶아 향을 낸 후
준비한 채소를 넣고 볶는다.

4 우동면을 넣고 볶는다.

5 양념 재료를 섞은 뒤 한꺼번에 붓고 강불에서
재빨리 볶는다.

6 소금, 후추로 나머지 간을 한 후 참기름과 가쓰
오부시를 넣고 마무리한다.

매운 볶음우동

재료
우동면 2개, 모시조개 100g,
새우 100g, 양파 ½개, 당근 ¼개, 대파 1대,
오일 2큰술, 다진 마늘 1큰술, 소금 · 후추 약간씩

양념 재료
고추장 2큰술, 고춧가루 2작은술, 간장 1큰술,
물엿 2큰술, 맛술 2큰술, 고추기름 1큰술, 물 ¼컵

● ● ● **만드는 방법**

1 양파와 당근은 채 썰고 대파는 어슷 썬다.

2 우동면은 가볍게 데쳐 준비한다.

3 오일을 두른 팬에 다진 마늘을 볶아 향을 낸 후 모시
조개, 새우, 양파, 당근을 넣고 볶는다.

4 우동면을 넣는다. 양념 재료를 섞어 한번에 넣고 재
빨리 볶는다.

5 대파를 넣고 소금과 후추로 나머지 간을 한다.

간장볶음칼국수

재료 칼국수면 2인분, 홍합 200g,
양파 ½개, 새우 100g, 홍고추 1개, 오일 2큰술,
다진 마늘 1큰술, 참기름 1큰술, 소금 · 후추 약간씩

양념 재료 간장 2큰술, 굴소스 1큰술, 맛술 2큰술,
물엿 2큰술, 통깨 약간, 물 ¼컵

●●● 만드는 방법

1 홍합살과 새우는 흐르는 물에 깨끗이 씻고
양파와 홍고추는 채 썬다.

2 칼국수면은 가볍게 데쳐 준비한다.

3 오일을 두른 팬에 다진 마늘을 볶아 향을
낸 후 홍합살, 새우, 양파, 홍고추를 넣고
볶는다.

4 칼국수면을 넣고 볶는다. 양념 재료를 섞
어 한번에 붓고 강불에서 재빨리 볶는다.

5 소금과 후추로 나머지 간을 한다.

매운 볶음칼국수

재료 칼국수면 2인분, 다진 쇠고기 100g,
양파 ½개, 청양고추 1개, 대파 흰 부분 2토막,
오일 2큰술, 다진 마늘 1큰술, 소금 · 후추 약간씩

양념 재료 두반장 2작은술, 고추장 1큰술,
간장 1큰술, 물엿 2큰술, 맛술 2큰술,
고추기름 1큰술, 물 ¼컵

●●● 만드는 방법

1 다진 쇠고기는 소금과 후추로 밑간을 하
고, 양파, 청양고추, 대파 흰 부분은 채 썬
다.

2 칼국수면은 가볍게 데쳐 준비한다.

3 오일을 두른 팬에 다진 마늘을 볶아 향을
낸 후 쇠고기를 먼저 볶다가 양파, 청양고
추를 넣고 볶는다.

4 데친 칼국수면을 넣는다. 양념 재료를 섞
어 한번에 붓고 강불에서 재빨리 볶는다.

5 소금과 후추로 나머지 간을 한 후 채 썬
대파 흰 부분을 얹어낸다.

✳ 간장볶음수제비

재료 수제비 반죽 2인분, 애호박 ¼개,
양배추 3장, 양파 ½개, 당근 ¼개, 청양고추 1개
오일 2큰술, 다진 마늘 1큰술, 소금 · 후추 약간씩

양념 재료 간장 1큰술, 굴소스 1큰술, 맛술 2큰술,
물엿 1큰술, 참기름 · 통깨 약간씩

●●● **만드는 방법**

1 애호박은 반달 썰고 양파와 양배추는 채 썬다.
당근은 편 썰고, 청양고추는 링 모양으로 썬다.

2 수제비 반죽은 가볍게 데쳐 준비한다.

3 오일을 두른 팬에 다진 마늘을 볶아 향을 낸 후
애호박, 양파, 당근, 양배추를 넣는다.

4 데친 수제비 반죽을 넣고 볶는다. 양념 재료를
섞어 한번에 붓고 강불에서 재빨리 볶는다.

5 소금과 후추로 나머지 간을 한 후 청양고추를
얹어낸다.

T I P

고추장아찌가 있다면 잘게 다져 얹으면 얼큰하고
개운한 맛이 난다.

✳ 매운 볶음수제비

재료 수제비 반죽 2인분, 모시조개 200g,
칵테일새우 100g, 양배추 2장, 깻잎 4장,
오일 2큰술, 다진 마늘 1큰술, 소금 · 후추 약간씩

양념 재료 고추장 1.5큰술, 고춧가루 2작은술,
간장 1큰술, 물엿 2큰술, 맛술 2큰술,
고추기름 1큰술, 물 3큰술

●●● **만드는 방법**

1 양배추와 깻잎은 채 썬다.

2 수제비 반죽은 가볍게 데쳐 준비한다.

3 오일을 두른 팬에 다진 마늘을 볶아 향을 낸 후 모시
조개, 새우, 양배추를 넣고 볶는다.

4 데친 수제비를 넣고 볶는다. 양념 재료를 섞어 한번
에 붓고 강불에서 재빨리 볶는다.

5 소금과 후추로 나머지 간을 한 후 깻잎을 얹어낸다.

타이풍 볶음쌀국수

재료 쌀국수 2인분, 닭고기(안심) 200g,
달걀 2개, 브로콜리 ⅛송이, 양파 ½개, 홍고추 1개,
오일 3큰술, 다진 마늘 1큰술, 소금 · 후추 약간씩

양념 재료 간장 2큰술, 굴소스 1큰술, 맛술 2큰술,
물엿 1큰술, 참기름 · 통깨 약간씩

●●● 만드는 방법

1 닭고기는 한입크기로 썰고 브로콜리는 송이
송이 떼어낸다. 양파와 홍고추는 채 썰고 달
걀은 풀어 놓는다.

2 쌀국수면은 가볍게 데쳐 준비한다.

3 오일을 넉넉히 두른 팬에 다진 마늘을 볶다
가 달걀을 풀어 부풀게 익힌다.

4 닭고기, 브로콜리, 양파, 홍고추를 넣고 볶다
가 쌀국수 면을 넣는다.

5 양념 재료를 섞어 한번에 붓고 강불에서 재
빨리 볶다가 소금과 후추로 나머지 간을 한
다.

TIP
달걀을 오일에 튀기듯이 조리해 부풀어 오르게
한다. 이때 오일은 넉넉히 해야한다.

매운 볶음쌀국수

재료 쌀국수 2인분, 홍합살 200g,
양파 ½개, 홍고추 1개, 청양고추 1개,
오일 2큰술, 다진 마늘 1큰술, 소금 · 후추 약간씩

양념 재료 고춧가루 2큰술, 간장 1큰술,
물엿 2큰술, 시치미 2작은술, 맛술 2큰술,
고추기름 2큰술

●●● 만드는 방법

1 양파는 채 썰고, 홍고추와 청양고추는 어
슷 썬다.

2 쌀국수면은 가볍게 데쳐 준비한다.

3 오일을 두른 팬에 다진 마늘을 볶아 향을
낸 후 홍합살, 양파, 홍고추, 청양고추를
넣고 볶는다.

4 쌀국수면을 넣고 볶는다. 양념 재료를 섞
어 한번에 붓고 강불에서 재빨리 볶는다.

5 소금과 후추로 나머지 간을 한다.

라면볶음

재료 라면 2인분, 양파 ½개,
홍고추 1개, 오일 2큰술, 다진 마늘 1큰술

양념 재료 라면스프 1봉지, 굴소스 1큰술,
맛술 2큰술, 물엿 1큰술, 참기름 · 통깨 약간씩

● ● ● 만드는 방법

1 양파는 채 썰고, 홍고추는 어슷 썬다.

2 라면은 가볍게 데쳐 준비한다.

3 오일을 두른 팬에 다진 마늘을 볶아 향을
낸 후 양파와 홍고추를 볶는다.

4 데친 라면을 넣고 볶는다. 양념 재료를 섞
어 한번에 넣고 강불에서 재빨리 볶는다.

라볶기

재료 라면 2인분, 어묵 100g,
양파 ½개, 양배추 4장, 청양고추 1개, 대파 1대,
삶은 달걀 2개, 오일 2큰술, 다진 마늘 ½큰술,
고추장 2큰술, 고춧가루 1큰술, 간장 1큰술,
물엿 2큰술, 물 1컵

● ● ● 만드는 방법

1 어묵은 한입크기로 썰고, 양파와 양배추는
채 썬다. 청양고추와 대파는 어슷 썬다.

2 라면은 가볍게 데쳐 준비한다.

3 물에 고추장, 고춧가루, 간장, 물엿을 넣고
끓인다.

4 어묵, 양파, 양배추, 청양고추를 넣고 끓인
후 라면을 넣고 강불에서 재빨리 볶는다.

5 대파와 삶은 달걀을 넣고 마무리한다.

맛있는 양념국수를 만드는 양념장의 요령

간장양념

간장 2큰술, 물 1큰술, 참기름 2큰술, 물엿 1큰술,
다진 양파 2큰술, 다진 마늘 ½큰술,
통깨 · 후추 약간씩

새콤양념

간장 2큰술, 식초 2큰술, 설탕 1.5큰술, 오일 2큰술,
연겨자 1작은술, 통깨 · 후추 약간씩

고추장양념

고추장 2큰술, 참기름 1큰술, 물엿 1큰술,
사과즙 2큰술, 식초 1큰술, 통깨 · 후추 약간씩

✳ 간장비빔우동

● ● ● 만드는 방법

1 새우는 가볍게 데쳐 준비하고 양파와 파프리카
는 곱게 채 썰고, 홍고추는 링 모양으로 썬다.

2 우동면은 데친 후 차갑게 준비한다.

3 우동면 위에 준비한 재료를 얹고 간장양념이나
새콤양념을 뿌려낸다.

재료 우동면 2개, 새우 200g,
양파 ½개, 어린잎채소 한줌, 파프리카 ¼개,
홍고추 1개

✳ 매운 비빔우동

● ● ● 만드는 방법

1 오이, 적양배추, 당근, 파프리카, 깻잎, 양배추는 모두
곱게 채 썰고, 삶은 달걀은 4등분한다.

2 우동면은 데친 후 차갑게 준비한다.

3 우동면 위에 준비한 재료를 얹고 고추장양념을 뿌려
낸다.

재료
우동면 2개, 오이 ½개, 양배추 3장, 적양배추 3장,
당근 ¼개, 노랑 파프리카 ½개, 깻잎 5장,
삶은 달걀 1개

간장비빔소면

재료
소면 2인분, 당근 ¼개, 애호박 ¼개,
표고버섯 4개, 달걀지단 1장,
소금·후추·오일 약간씩

●●● 만드는 방법

1 당근, 애호박, 표고버섯 모두 채 썰어 소금
과 후추로 간을 하며 살짝 볶는다. 달걀 지
단은 채 썬다.

2 소면은 삶은 후 차갑게 준비한다.

3 소면 위에 준비한 재료를 얹고 간장 양념
을 뿌려낸다.

매운비빔소면

재료
소면 2인분, 양파 ¼개, 다진 김치 1컵,
어린잎 채소 한줌, 홍고추 1개

김치 양념 재료 고춧가루 2작은술,
참기름 1큰술, 설탕 ½큰술

●●● 만드는 방법

1 김치는 김치 양념에 버무리고, 양파는 곱
게 채 썰고, 홍고추는 링 모양으로 썬다.

2 소면은 데친 후 차갑게 준비한다.

3 소면 위에 준비한 재료를 얹고 고추장양념
을 뿌려낸다.

간장비빔모밀

재료

메밀면 2인분, 무 100g, 양배추 3장,
깻잎 4장, 김가루 · 가쯔오브시 약간씩

무절임 양념 재료 식초 2큰술, 설탕 1큰술,
소금 약간

●●● 만드는 방법

1 무는 얇게 편 썰어 절임 양념에 10분간 절
였다가 물기를 제거한다. 양배추와 깻잎은
곱게 채 썬다.

2 메밀면은 데친 후 차갑게 준비한다.

3 메밀면 위에 무, 양배추, 깻잎, 김가루, 가
쯔오부시를 얹고 간장양념이나 새콤양념
을 뿌려낸다.

쟁반모밀

재료

메밀면 2인분, 오이 ½개, 양배추 3장,
적양배추 3장, 당근 ¼개, 깻잎 5장,
삶은 달걀 1개

●●● 만드는 방법

1 오이, 양배추, 적양배추, 당근, 깻잎은 모두
곱게 채 썰고, 삶은 달걀은 4등분한다.

2 메밀면은 삶은 후 차갑게 준비한다.

3 메밀면 위에 준비한 재료를 얹고 고추장양
념을 뿌려낸다.

열무소면

재료
소면 2인분, 열무김치 2컵, 삶은 달걀 1개

●●● 만드는 방법

1 삶은 달걀은 4등분하고, 열무김치는 먹기 좋은 길이로 자른다.

2 소면은 삶은 후 차갑게 준비한다.

3 면 위에 준비한 재료를 얹고 고추장양념을 뿌려낸다.

쫄면

재료
쫄면 2인분, 오이 ½개, 양배추 3장, 데친 콩나물 두 줌

●●● 만드는 방법

1 오이와 양배추는 곱게 채 썰고, 삶은 달걀 은 4등분한다.

2 쫄면은 데친 후 차갑게 준비한다.

2 쫄면 위에 준비한 재료를 얹고 고추장양념 을 뿌려낸다.